U0350439

南极精灵

—— 科学家考察手记

位梦华 著

人民文学出版社 天天出版社

图书在版编目（CIP）数据

南极精灵:科学家考察手记 / 位梦华著. -- 北京 : 天天出
版社, 2019.4（2023.10重印）
ISBN 978-7-5016-1470-7

Ⅰ. ①南… Ⅱ. ①位… Ⅲ. ①南极 – 生物 – 少儿读物
Ⅳ. ①Q151.6-49
中国版本图书馆CIP数据核字(2019)第012055号

责任编辑: 马晓冉　　　　　　　　　　**美术编辑:** 温艾凝
责任印制: 康远超　张　璞

出版发行: 天天出版社有限责任公司
地址: 北京市东城区东中街 42 号
　　　　　　　　　　　　　　　　邮编: 100027
市场部: 010-64169902　　　　　**传真:** 010-64169902
网址: http://www.tiantianpublishing.com
邮箱: tiantiancbs@163.com

印刷: 天津市豪迈印务有限公司　　　**经销:** 全国新华书店等
开本: 880×660　1/16　　　　　　　**印张:** 9.5
版次: 2019 年 4 月北京第 1 版　　**印次:** 2023 年 10 月第 7 次印刷
字数: 64 千字　　　　　　　　　　**印数:** 46,001-49,000

书号: 978-7-5016-1470-7　　　　　**定价:** 30.00 元

向精灵致敬

位梦华

　　地球上有上千万种不同的生物，有的生活在陆地上，有的生活在大海里，有的飘浮在空中，有的钻进了地下，正是因为有了这些生物，地球才生机盎然，朝气勃勃。否则，地球就会成为一个死气沉沉、寂静无声、酷热严寒、毫无生机的星球。

　　在地球的生命世界中，人类是很晚才进化出来的。如果把地球有生命的历史，比作 24 小时，那么人类是最后几秒钟才来到这个星球上的。但是，人类却自高自大，飞扬跋扈，自认为是最高级的智慧动物，高高在上，趾高气扬，根本不把其他生物看在眼里，以为自己是来统治它们的。然而，地球并不仅仅属于人类，它属于所有的生物。实际上，我们必须依靠其他生物，才能活下去。所以，我们要良心发现，自我反思，感激这些生物，热爱这些生物，保护这些生物，因为它们和我们一样，都是地球上的精灵。

而在这些千奇百怪、纷纭复杂的生命世界中，我们特别应该感谢的，是那些生活在南极和北极的精灵，它们生活在地球上最为严酷的环境里，是最勇敢、最顽强、最耐寒、最富有牺牲精神的生物。它们八仙过海，各显神通，战严寒，斗冰雪，顽强地繁衍生息，进化出了无与伦比的生存能力，给地球两极茫茫的白色世界，带来了一丝极其难得的生机与活力。

　　例如，地衣是地球上最古老、最原始的生物之一，是原始生命从海洋到陆地的先遣兵、开拓者。它们遍布全球，使大地染上了绿色。在南极，它们一年只能长几毫米，甚至更少，它们默默无闻，甘于寂寞，在冰雪统治的世界里，傲然地生长着，坚持着。

　　地球上最大的陆地动物是大象。但是在南极，最大的陆地生物却是一种只有两三毫米的小虫子。这种小虫子，只有在南极大陆最靠北、最暖和的地方才能找到。它们一年当中有三百多天被冻成冰棍睡大觉，只有到夏天最热的时候才能化开。在这短暂的三四十天里，它们会抓紧时间寻找食物，繁衍后代，之后又会被冻成冰棍。

　　南极的磷虾，是南极生态平衡关键的一环，南大洋里所有比磷虾大的生物，都要直接或者间接地依靠磷虾而生。磷虾十分神奇，它们演化出了一种缩身术，当食物匮乏时，就会收缩身体，以便节约能量。

南极的帝企鹅，选择冬天抚养幼子。帝企鹅爸爸把蛋放在自己的脚丫子上，用肚皮紧紧地包住，不能吃，不能动，全心全意孵蛋。

北极的夏天只有一个多月，北极棉花没有足够的时间让种子成熟。它们自有绝招，长出一个绒球，把种子包裹起来，即使大雪纷飞，零下几十度，照样可以继续生长，使种子成熟。

北极的旅鼠是鼬鼠、狐狸、猫头鹰等食肉动物的口粮，任务非常艰巨。可能正因如此，它们繁殖能力很强，一窝最多可以生12只，20天就可以成熟。但是，如果旅鼠太多，它们就可能把北极的草吃光，打破北极的生态平衡。所以，当它们繁殖得太多，威胁到北极的生态平衡时，旅鼠就会集合起来去自杀。

北极的雪鸮，隔几天下一个蛋。这样，孵出来的孩子，大的和小的差别就比较大。当父母找不到足够的食物时，大的就可以把小的吃掉，保证有一个孩子能够活下去。看上去有点残酷，却是道是无情却有情。

北极熊的爸爸，不仅不负责喂养孩子，当它饥饿的时候，还会把孩子吃掉。这看似不可思议，却是大自然维护生态平衡的措施之一。北极熊是北极之王，是北极顶级的杀手，如果数量过多，就会造成灾难性的后果。

如此等等，不一而足。大千世界，无奇不有。大自然不相信眼泪，有着极其严酷的规律！反观我们人类，对动物滥捕滥杀，对森林乱砍滥伐，导致了沙漠扩大，生态失衡，破坏了生物多样性，释放了大量的二氧化碳，导致了气候异常、温室效应。我们这些高高在上、只有依靠其他生物才能生存下去的人类，却在毁坏地球，无视生命！难道我们不应该向其他的精灵，特别是那些为了维护生态平衡而牺牲自己孩子的两极精灵，表达最真诚的感谢，致以最崇高的敬意？

　　当然，我们要感谢它们，首先就要了解它们。这就是为什么，我要写这部著作。

目录 contents

　　地衣不仅是地球上所有植物的鼻祖，而且
也是所有动物的大恩人。如果没有地衣，地球
就不可能有今天的繁荣，当然也不可能有我们
这些自认为是高等生物的人类。

第 一 章

地衣升天梦

死里逃生

直升机再次升空时，机上又上来一个美国乘客。这个人瘦高个儿，有三十几岁，似乎还有点学生气。"我是雅各布·斯密斯博士，为NASA工作。"他微笑着点了点头，自我介绍，算是和大家打了招呼，然后坐到了我身边。

雅各布正好挡住了我投向窗外的视线，当他意识到时，就赶紧弯下身子。我拍拍他的肩膀，笑了笑说："没有关系！"

他腼腆地点点头，微笑着问道："你是日本人？"

"不！"我摆了摆手说，"我是中国人，大家都叫我位博士。"

"对不起，位博士。"他有点不好意思。

我们这次的任务是把重力观察从

罗斯岛延伸到南极大陆，雅各布则另有任务。

直升机在空中转了一个圈，慢慢地降落在一块平地上。大家依次跳下，有条不紊地开展各自的工作。雅各布则在周围转来转去，不停地拍照。当有人准备返回飞机时，我们才发现雅各布不见了。

西北方向天昏地暗，乌云滚滚，似乎孕育着一场暴风雪，大家焦急地四处寻找着，呼喊着。我和两个美国学生，沿着雅各布断断续续的足迹，走出了几千米，忽然看到足迹消失在一个雪坑里。"不好！"我大叫一声，"雅各布·斯密斯博士可能掉进雪坑了！"在我的建议下，我们三个手拉手，个子大的那个美国学生站在最前面，下到了雪坑里，把雅各布·斯密斯博士从松散的雪里拽了上来。只见他憋得脸红脖子粗，他深深地吸了一口气说："谢谢你们救了我！再晚来几分钟，我就憋死啦！"

地衣的身世

回到基地后，雅各布再次向我们表示感谢，并邀请我们参观他的实验室。但两个美国学生临时有事，所以只有我一人应邀前往。我和雅各布乘坐雪上摩托来到观察峰——这座山峰，因当年英国探险家斯科特经常到此观察天气而得名。我们走到山后，雅各布站在一块大石头旁，说："就是这里，这儿就是我的实验室！"

我大失所望，埋怨道："你不是为 NASA 工作吗？这里跟 NASA 有什么关系？"

雅各布赶紧说："位博士，你别急，先看看这些标本。"

我走到大石头旁，看着上面斑斑驳驳的灰色、黑色、黄色的地衣连成了一片，问："你是说这些地衣？"

"是的。"雅各布竖起大衣领子，缩着脖子，慢条斯理地说，"我在为 NASA 研究地衣。地衣可是地球上最古老的植物，是大陆的开拓者！你肯定知道，地球上的生命是从海里演化出来的。海里首先进化出了藻类。绿藻和蓝藻可以进行光合作用，吸收二氧化碳，放出氧气。空气中的氧气越来越多，为生物的进化奠定了基础。但此时的陆地还没有生命，也没有土壤，只有光秃秃的岩石。"

"你不是要跟我讲地衣吗？怎么又说起海藻来了！"

"因为有了海藻才可能有地衣啊！"雅各布接着说，"潮汐把蓝藻、绿藻抛上了海岸，可失去了水分供给，藻类很快就干死了。不知什么时候，海边出现了一些真菌，这些真菌可以吸收岩石中的无机盐和空气中的水分，却无法摄取营养，也无法在地表存活。

"然而，天无绝人之路。被抛上岸的绿藻、蓝藻和岸边的真菌偶然粘到了一起。它们一拍即合，真菌吸收水分，并且能固定在岩石上，绿藻和蓝藻则通过光合作用，为真菌提供营养。于是，一种新的物种诞生了，这就是地衣。"

"你终于讲到地衣了！"我松了口气。

雅各布似乎还没说尽兴，他看着岩石上的地衣说道：

"地衣在陆地上站稳了脚跟后，就扩散开来，一方面它们分泌出地衣酸，腐蚀岩石，促进风化，使岩石变成了土壤，为植物的进化奠定了物质基础，因此被称为'先锋植物'；另一方面，它们还通过光合作用，制造氧气，为动物的进化提供了必要的条件。因此可以说，地衣不仅是地球上所有植物的鼻祖，而且也是所有动物的大恩人。如果没有地衣，地球就不可能有今天的繁荣，当然也不可能有我们这些自认为是高等生物的人类。"

雅各布的梦想

"听你说完，地衣确实非常伟大，但它跟 NASA 又有什么关系？"

"你知道宇宙大爆炸吧！再过几十亿年，太阳就会发生爆炸，把地球烧掉。"

"噢，我明白了！"我恍然大悟，"你是想利用地衣，去开拓另一个星球？"

　　"完全正确！"雅各布提高了嗓门，兴奋地说，"地球并非久居之地。未雨绸缪，我们必须尽快寻找另一个或者几个有可能替代地球的星球！"

　　"可是，恐怕用不了几十亿年，人类就会因为环境污染、资源枯竭、核战争等原因离开地球。你的'地衣拯救计划’是远水解不了近渴。”

雅各布脸上没有一丝怒气，他转过那块大石头，往山坡下走去。我跟上他来到一个山沟。在那里，我们看到了一片白色的地衣，它们长在地上，高于地面几厘米，叶片呈圆筒状。

他转过身来，看着我说：“地衣分许多种。刚才我们看到的，是壳状地衣，它们大约占地衣总量的80%，主要长在石头和树皮上。壳状地衣生长速度非常慢，巴掌大的一片，大概要长一万年。而这种叶状地衣，主要生长在草地上，生长的速度比壳状地衣快得多。

“不过，这种地衣的生长速度仍然不够快。还有一种枝状地衣，南极没有，它们有分枝，生长速度更快，能够快速覆盖地面。枝状地衣是绿色的，可以通过光合作用，释放出大量氧气，而且还可以成为人类的食物。北极草原上有很多枝状地衣。

“我的任务就是培育出一种在极端环境里也能迅速生

长和繁育的枝状地衣。这样，NASA 就可以在宇宙中寻找一些空气中含有二氧化碳和水分，却没有生命的行星，把大量的枝状地衣的孢子散落下去。用不了多少年，人类就可以搬上去居住了。当然不能是火星，因为太阳爆炸时，火星照样会被烧掉。"

晚上我躺在床上，虽然累得腰酸腿疼，但仍然兴奋得睡不着，脑子里全都是雅各布的"地衣拯救计划"：拯救计划会成功吗？人类要去外星生活了？到那时人类会变成什么样呢？阿凡达？

　　只有这些小小的昆虫，才是南
极大陆真正的居民。它们常年坚守
在这块地球上最严酷、最孤立的大
陆上，默默无闻，却以自身的存在
证明了这块终年冰封的大陆，并非
生命的禁区。

第二章

南极大陆的隐居者

火山口巧遇

我在伊拉波斯火山口进行重力测量时，遇到了杰布·威尔逊博士，他是我1991年在北极考察时认识的朋友，生物学家，主要的研究方向是昆虫，对蚂蚁尤其感兴趣。杰布是一个无比严肃认真的人，这是我初见他时就领教到的。记得当时，我跟他开玩笑说："北极没有蚂蚁，你来这儿是英雄无用武之地啊。"他却板着脸，认真地解释："科学家的任务，就是探索未知。我到这里来，就是想搞清楚北极为什么没有蚂蚁！"自此，我就极少跟杰布开玩笑了。

这次在南极相聚，我们倍感亲切，短暂寒暄后，便回到了麦克默多基地。杰布迫不及待地带我来到他的实验室，一座非常简陋的铁皮建筑物。推开矮门，里面是一个棉被帘子，我们弯腰钻了进去，迎面就是一排玻璃柜子，给人一种进了商店的错觉。

"你在这里研究蚂蚁？"我环视四周，好奇地问道。

"不，南极和北极一样，都没有蚂蚁。"

"那你在研究什么？"

"南极所有的昆虫。"杰布指着身旁的柜子，意味深长地说，"要知道，统治南极大陆的，并不是企鹅和海豹，虽然它们知名度高，个头大，但它们都是海洋性动物。只有这些小小的昆虫，才是南极大陆真正的居民。它们常年坚守在这块地球上最严酷、最孤立的大陆上，默默无闻，却以自身的存在证明了这块终年冰封的大陆，并非生命的禁区。它们是南极大陆永久性的居民，它们是南极大陆名副其实的隐居者！"

南极蚊子

杰布意识到自己过于严肃，缓和了语气，指着第一个玻璃柜说："这是南极蚊子，也叫南极蠓。没有翅膀。"说到这里，他有点迟疑地问道，"你还记得北极的蚊子吗？那里的蚊子非常多，成群结队，像是一片乌云，咬人也

"FOOTBALL MATCH"

厉害。南极的蚊子没有翅膀，也不咬人。"

"是吗？"我凑了过去，看到里面有一些小虫子爬来爬去，旁边还有一些幼虫，抱成一团，"这就是南极蚊子？"

"是的。南极蠓是南极大陆上唯一的真正意义上的昆虫，也是南极大陆特有的物种。体长只有 2—6 毫米，却能在极端寒冷、极端干燥、狂风暴雪、盐度极高、高紫外线辐射的环境中生存，可以说是地球上最顽强的生灵。"杰布指着里面的蚊子，滔滔不绝，神情专注，充满了爱意。科学家有一种通病，他们都会觉得自己的研究非常重要，同时觉得自己的研究对象非常可爱。

"那它们为什么能在南极生存下来？"我俯身在玻璃柜上，仔细地观察着里面的南极蠓问道。

"基因测序发现，它们的基因组规模极小，大约只包含 9900 万个碱基对，而人类基因组则有约 32 亿个碱基对。而且，与普通昆虫相比，南极蠓的基因多是与代谢功能、身体发育相关的'有用'基因，重复的基因序列很少。

由此猜想，在漫长的进化过程中，南极蠓不断调整遗传信息，把不重要的基因去掉，给基因组'减负'，这可能就是其适应严酷环境的秘诀之一。这一发现，为研究生物在极端环境下的进化方向等提供了重要信息。"

生存绝技

"它们是怎样抵御南极这种极度严寒的？"我问道。

杰布指着里面的幼虫，解释说："南极蠓的幼虫，在变为无翅昆虫，也就是成虫之前，要经历两个漫长的冬季和一个夏季。在这个过程中，它们要反复地忍受冰冻与融化、干燥和潮湿。我们在一项冰冻试验中发现，这些幼虫几乎失去了体内一半的水分，并且产生了一种特殊的分子。这种特殊分子的作用，类似于防冻剂。要知道，昆虫如果结冰，身体里就会产生结晶，而血液一旦结晶，脉管就会扭断，最终导致昆虫丧命。这种防冻剂，就有效地避免了幼虫浓缩的血液中出现致命的结晶。所

以，解冻以后，它们照样可以活动自如。"

"麦克默多基地附近也有南极蠓吗？"

"没有。"杰布笑着摇了摇头，说，"这里面所有的昆虫，都是我从南极大陆上搜集起来的。我把它们放在这些玻璃柜里，编制好了程序，用计算机控制里面的温度、湿度、光线。这里面也会有极昼极夜，也会有极光和暴风雪，完全模拟自然界的环境，这样就可以长期地观察和记录它们的生活习性了。"

"好主意！"我情不自禁地赞叹。

永久居民

"这是尖尾虫，也叫弹尾虫。"杰布拍打着第二个玻璃柜，接着又指了指第三个玻璃柜说，"那里面是螨虫。这两种昆虫，在南极大陆分布最广，从海岸到海拔2000米的高原，甚至远到内陆南纬84°的地区，都有分布。尖尾虫多见于生长地衣的岩石表面，常和地衣生活在一

起，有时候在岩石下面，或者在小碎石缝中也有发现，但不常见。螨虫多见于岩石下面，少见于岩石表面。螨虫主要与苔藓生活在一起，可能是以苔藓为食，能忍受较低温的环境。但是，隐爪螨科的镰螯螨，是与藻类生活在一起的南极螨类，以藻类为食，能在冻沙中生活。螨虫，是南极内陆生态系统的'大象'，尽管它比一粒米还小，却是生活在南极大陆最大的陆地性生物之一。"

　　这时，不知道从什么地方，游来了一些细长的生物，它们也向海豹的尸体围了过去。这些生物的顶端，伸出了一个吸盘，死死地吸在海豹尸体上，开始往里钻。

第三章

南大洋里恐怖的怪物

掠食者

我参观了玻璃柜中的南极蠓、尖尾虫和螨虫之后，觉得趣味索然，就想告辞。

杰布看出了我的意思，说道："位博士，我今天带你到我的实验室，不是想向你展示小虫，而是想让你看一种大怪物！"

杰布从口袋里掏出一个遥控器，按了几下，玻璃柜后面的铁门开了。他让我先进。我低头弯腰，钻了进去，只觉得热气扑面。杰布跟在后面，转身把门关好。里面有一张桌子，两把椅子。桌子上有一台计算机，连着一个大屏幕。剩下的空间很小，两个人刚好能转过身来。我们坐了下来。

"这是你的工作间？"我一边问，一边端详着那台计算机。计算机没有开，大屏幕是黑的。

"是的。"杰布说着，打开了电源，计算机吱地响了一下，大屏幕亮了，"这里和外面是隔开的，以免里面的温度、声音影响到外面的小虫。"

"你用这台计算机监视它们？"

"是的！"杰布眼睛盯着大屏幕，双手操作着计算机说，"那些小虫的一举一动，它们的尺寸、体温，什么时候交配、繁殖，产了几个卵，成活了几个幼子，都会自动输入计算机，随时加以分析。不过，我现在的注意力，不在这些小虫身上。"杰布忧心忡忡地说，"我在研究一种危险生物。"

"哦？"我急忙问道，"是你要给我看的大怪物吗？"

杰布没有立即回答，他轻轻敲了一下键盘，大屏幕上出现了许多海洋生物，有海星、海胆，还有一些小鱼游来游去。突然，一具海豹的尸体，缓缓地落到了海底。海星似乎嗅到了味道，立刻向海豹尸体聚拢过去，开始享受大餐。这时，不知道从什么地方，游来了一些细长的生物，它们也向海豹的尸体围了过去。这些生物的顶端，伸出了一个吸盘，死死地吸在海豹尸体上，开始往里钻。

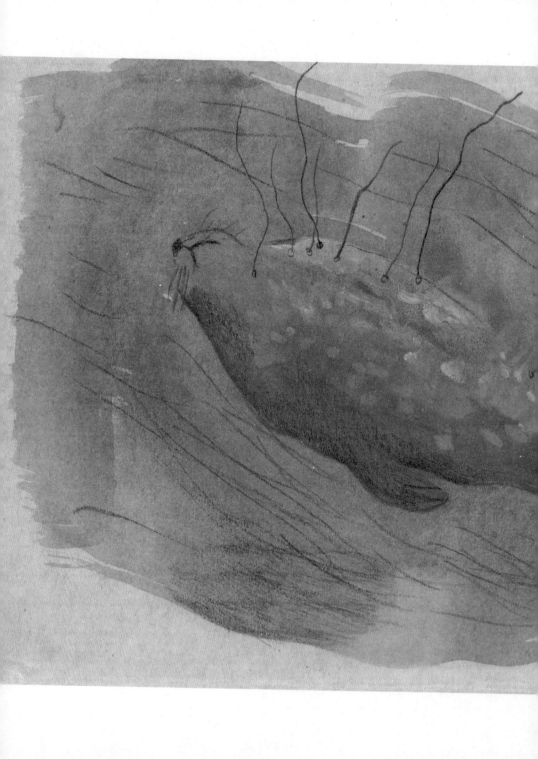

我从来没有见过这样的生物，只觉得头皮发麻，心跳加速，胃里的东西直往上涌。

南极巨虫

"这是什么东西？"我转过脸低声问道。

"这就是南极巨虫。"杰布说，"前不久发现的一种怪物。"

我捂着肚子说："它们可比蛔虫长多啦！"

"现在观察到的南极巨虫，身长可达三米。"杰布关上了计算机，用手比画着说，"是不是还有更长、更大的，还未知。"

"它们以什么为食？"我关心地问道。

"根据现在仅有的观察，"杰布语调缓慢地说，"一些种类的南极巨虫，属于食腐动物，以海豹等的尸体为食，有的甚至和海星聚集在一起，以海豹的排泄物为食。但是，大部分南极巨虫，都是非常贪婪的掠食动物。它们利用从口腔射出的长长的鼻状物，捕食其他生物。有的以蚌和甲壳动物为食，包括海胆、海星和巨大的水下蜘蛛蟹，有的则以活海豹为食。"

"不过，"我庆幸地说，"它们生活在南极海底，对人类没有什么威胁。"

"现在还不会。"杰布冷笑道，"但问题是，南极巨虫是一种刚刚被发现的生物，是一种正在慢慢崛起的怪物，我们对它们并不了解。这就是为什么我要盯住它们，全力以赴地研究它们的原因。"

"可是，"我试探着问道，"它们不像其他的小虫，可以被你收集起来，放在玻璃柜里观察。南极巨虫生活在海底，你怎么观察它们？"

杰布指着桌子上的计算机说："我用机器人。我在麦克默多海峡放置了三个小型的机器人，它们可以不间断地寻找和观察南极巨虫。机器人有自动摄像的功能，一旦发现了南极巨虫，就会追随它们，把它们的行为拍摄下来，自动传到计算机里。"

未知的存在

"它们有什么害处吗？"我担心地问道。

"现在还没有。"杰布说，"可问题是，它们的鼻状物也许会分泌黏性有毒液体，造成当地生物大量灭亡。"

"有那么严重吗？"我问道，"自然界的每一种生物，都有它存在的理由。南极巨虫难道没有什么利用价值？"

"不知道。"杰布摇了摇头说，"巨虫作为一种生物，对于生物学的研究以及生命起源的探索，应该有很高的研究价值。不过，我现在想到的是，"他站起来说，"现在还不能确定，这些南极巨虫能否在常温的海水中生存。如果南极巨虫能在全球各大洋繁殖起来，那么肯定会给海洋生态，甚至全球生态，造成严重的后果！"

"做梦也没想到，在南极冰层下面，竟然隐藏着这样的怪物！"我感叹道。

杰布真挚地说："这就是为什么我要带你来实验室的原因。我想告诉你，南极这块常年冰封的大陆，暗含着无穷的奥秘！别以为它远离人类社会，是一块最孤立、最遥远的大陆。实际上，它与人类社会的生存和发展密切相关！我们要爱护地球，首先就要保护南极！"

我从实验室出来，觉得心情非常压抑。那些三米多长的大虫子，总是在脑海里浮现，窜动，转来转去，仿佛已经钻进了我的身体里。

　　小小的磷虾，漂浮在海面上，无论是在企鹅、海豹，还是鲸鱼面前，都是微不足道、毫无抵抗能力的，很容易被天敌吃掉。所以，它们只好聚在一起，多的时候，长达半公里，宽几百米。

第四章

磷虾的故事

魔鬼号

夏天是麦克默多基地最繁忙的季节，床位十分紧张。一个十几平方米的房间，往往要住三四个人，而我和室友大卫·斯科特却享受着双人间待遇。这多亏了大卫跟接待室的管理员是好朋友。

大卫是个在读博士，正在研究磷虾与企鹅的关系。他的实验室建在一艘考察船上。据说，船上的一切都是全自动的。我十分好奇，几次三番要求他带我参观。今天，终于得偿所愿。

我们乘坐直升机前往考察船。飞机刚刚降落到甲板上，我就迫不及待地跳下飞机，然而脚下一滑，差点摔倒。幸好大卫眼疾手快，一把拉住了我。机上另外的两个人冲进了驾驶舱去换班，原来的两个值班人员跑了出来，弯腰登机。直升机很快就起飞了，往麦克默多基地的方向飞去。

我呆立在甲板上，目送飞机越飞越远。大卫也顾不得照顾我，一个人跑进了实验室。驾驶舱的值班人员，则操纵起了机器，开始起网。起重机的悬臂缓缓升起，把渔网吊了起来，转到了甲板上，哗的一声，网兜里的东西落进了船舱。我跑过去一看，船舱里，鲜红的磷虾活蹦乱跳，不一会儿就引来了大群的海鸥和贼鸥。

"这是我们的考察船魔鬼号。"大卫不知道什么时候从实验室里出来了，颇为自豪地介绍说，"一切都是全自动的。后面是甲板，和敞开的船舱连在一起。中央部分是实验室，所有的仪器都在这里面。最前面是驾驶室，和实验室是相通的。"

"考察船以什么为动力？"我关心地问道。

"太阳能。"大卫指着船身上的光伏电池板说，"南极的夏天太阳不落，我们要充分利用太阳能。"

"能保证有足够的电力吗？"

"基本可以。"大卫又补充说，"为了以防万一，船上还有一台备用的发动机。"

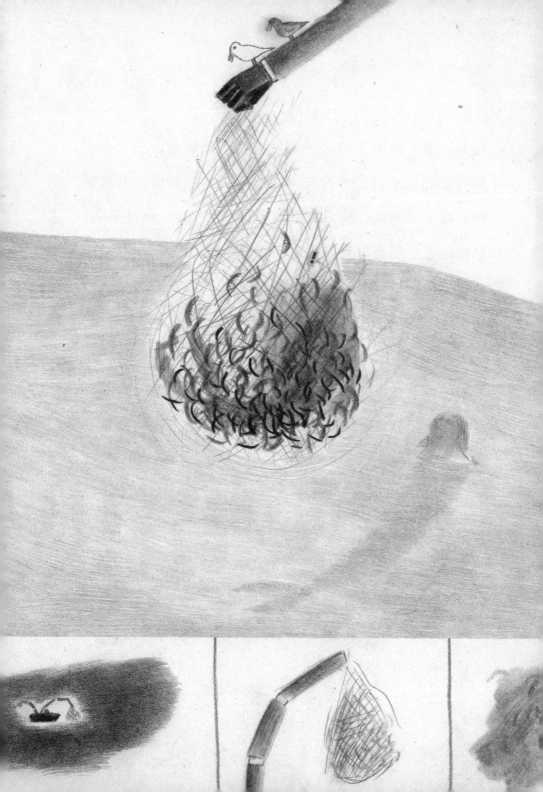

大卫的苦衷

"我们进实验室吧！外面太冷！"大卫说着带我进了实验室。实验室很大，窗户是蓝色钢化玻璃，墙上挂着很多仪表，中央的台子上摆着一台计算机，另外还有一把大椅子和一个沙发。

"这么好的工作条件，"我笑着问道，"一切又是自动的，你怎么老喊累呢？"

"唉！"大卫两手一摊，叹了口气说，"说来话长，要知道，磷虾来无影，去无踪，是一种非常神秘的生物。我在这里等了几天，一个磷虾也没有捞到。就在我准备放弃的时候，它们却突然出现了，就像是从天上掉下来的，搞了我一个措手不及。我要紧紧地盯住它们，又是下网，又是取样，又是解剖，又是分析，仪器是自动的，可是要由人操作啊！结果搞得我手忙脚乱，分身乏术。"

"这么大的研究项目，就你一个人？"我端详着实验室里的陈设，不解地问道。

"我们研究组，一共有六个人。"大卫皱着眉头，眼睛直直地看着我，扳着指头说，"可是，约翰家里有事，玛丽要生孩子，乔治正准备毕业论文，只有鲍勃可以帮助我。然而，不幸的是，就在临走的时候，他又出了车祸。我的老板亨利·哈普逊博士年纪大了，不可能再来南极。他对我说：'大卫啊，自己的事自己做，你一个人去吧！我把考察船魔鬼号交给你，再配上几个工人帮助你，把磷虾与企鹅的关系搞清楚，你的博士论文就算通过了。'我没有办法，只好硬着头皮答应了。到了南极我才知道，磷虾这种东西，别看它们很小，却很难对付！"

　　"真的？"看到大卫夸张的表情，似乎深受其害，我就笑着问道，"磷虾有那么大的神通吗？"

　　"当然是真的！"大卫把眼一瞪，眼珠子就像是要掉出来似的，伸长脖子望着外面说，"就拿刚捕上来的这些磷虾来说吧，必须趁它们还活着的时候分类，解剖，登记，选择标本，然后尽快地冰冻起来。磷虾的身体娇嫩而脆弱，用大网捕捞，磷虾互相挤压，很容易被压碎。所以，我用的是小网，捕上来的磷虾大部分都活着。"

返老还童

"这么辛苦的工作你都坚持下来了，可见磷虾的魅力不小啊！"我开玩笑说。

"对，磷虾确实非常神奇！"大卫点了一下计算机，指着屏幕上的磷虾说，"你知道，地球上其他地方，由于生物的多样性，食物链中的每一环，都有多种生物支撑。但在南大洋的食物链中，几乎所有比磷虾大的生物，都直接或者间接依靠它生存。因此，磷虾就成了极其关键的一环，就像是一棵大树的树干，如果树干垮了，整棵大树就会倒下。"

"北极的旅鼠也有类似的作用。"我介绍说。

"我知道。但是，"大卫摇晃着脑袋争辩说，"旅鼠只影响少数几种生物。而在南大洋里，只有磷虾，可以把比它小的浮游生物，主要是浮游植物，吃到肚子里，变成蛋白质。它要给南大洋里所有比它大的生物供应口粮。它的任务要比旅鼠艰巨得多！所以，大自然赋予了它三种特异功能：一是繁殖力极强，数量巨大；二是它们总是以集群的方式出现，有时其密度可以达到每立方米10000—30000只；三是在环境不利的情况下，它们的身体会出现负增长，也就是说，它们能收缩身体，返老还童。"

"返老还童，"我满腹狐疑地问道，"怎么回事？"

"你来看，"大卫轻轻地敲了一下键盘，计算机的屏幕上，出现了一群磷虾，密密麻麻，"这是我去年秋天拍摄到的资料，这些磷虾已经长成了成体。我用水下微型机器人记录它们的活动，结果发现，今年春天，它们又变成了幼体。"这时候，屏幕上出现了密密麻麻的小磷虾，"这些并不是真正的幼体，而是磷虾为了适应严酷的环境，把身体缩小了。也就是说，磷虾确实可以返老还童！"

"不会吧？"我嘿嘿一笑，指着屏幕问道，"你怎么证明这些小磷虾是返老还童呢？"

大卫望着屏幕上的小磷虾，摇晃着脑袋说："一开始我也不相信。这是违反生物生长规律的！后来，我研究了磷虾的眼睛。和许多昆虫一样，磷虾的眼睛是复眼。随着年龄的增长，组成复眼的小眼睛的数目会越来越多。但是，当磷虾返老还童以后，复眼却不会发生变化。由此可以断定，这些磷虾并不是真正的幼体，而是已经成年的磷虾。"

怪物磷虾

"真有意思！"我揉着眼睛，饶有兴味地说，"如果人也能像磷虾那样返老还童，该有多好啊！不过，我希望，我的眼睛也能一起返老还童。如果身体变成了小孩，却老眼昏花，岂不成了怪物？"

"磷虾就是怪物！"大卫接过我的话茬儿，眉飞色舞地说，"它们的孵化过程，非常奇特。雌虾把卵排到水里后就不管了。那些卵一边下沉，一边孵化，一直下沉到数百米，甚至两千多米，才能孵化出幼体。而幼体在发育过程中，又不断上浮，一边上浮，一边发育。当幼体发育成小虾时，它也几乎到达了海水表层。这时，它可以在表层觅食、生长、集群。发育成熟以后，又开始交配，产卵，进入下一个繁殖周期。"

"磷虾真会发光吗？"我问道，"它们身上的光，是怎样发出来的？"

　　"等一等！"大卫从椅子上站了起来，开开门出去了。我以为他是去上厕所。不多一会儿，他却拿着两只磷虾回来了，"你来看！"他坐到了沙发上，把两只磷虾放在左手的掌心里，指着说，"磷虾的眼柄基部、头部、胸的两侧和腹部的下面，长着一粒粒金黄色并略带红色的球形发光器。当它们受到惊吓时，发光器就能发出像萤火虫那样的磷光来，所以叫磷虾。"

生存策略

"有人说，磷虾集成大群是为了让食量巨大的鲸鱼能轻易填饱肚子。这是真的吗？"

"啊呀！这件事恐怕要去问问磷虾了。"接着，大卫像个孩子似的笑了，说道，"我们人类，总是喜欢以自己的爱好和想法，去揣测其他生物的行为。实际上，这是错误的。"

"这叫'以人类之心，度动物之腹'。"我说道。

"是的！是的！"大卫郑重其事地点了点头，说，"磷虾是为了生存，才不管鲸鱼怎么想呢！它们之所以聚在一起，其实是一种策略，为了集体防御。你想想，小小的磷虾，漂浮在海面上，无论是在企鹅、海豹，还是鲸鱼面前，都是微不足道、毫无抵抗能力的，很容易被天敌吃掉。所以，它们只好聚在一起，多的时候，长达半公里，宽几百米。虾群白天使海面呈现一片铁锈色，夜晚又常常使海面发出一片强烈的磷光，以此迷惑天敌。更有意思的是，每个虾群，都是由同一个年龄段的磷虾组成。幼虾和成虾，基本上不会混杂在一起。"

"它们为什么要以年龄分群？"

"不知道！"大卫微微一笑，说，"这个问题还是得去问问磷虾！不过，如果以人类之心，度磷虾之腹，我认为，可能是因为，同一个年龄段的磷虾，运动的速度比较相近，所以容易聚在一起。"

磷虾的价值

"磷虾的开发前景如何？"我问道，"有人说，磷虾有几亿吨，人类不用种地啦，靠吃磷虾就可以活下去！"

"这是一个非常严肃的问题！"大卫皱起了眉头，坐到了那个大椅子上，转动着健硕的身体，用手梳理着满头散乱而浓密的黑发，眼睛盯着我说，"磷虾是迄今为止，在地球上已经发现的含蛋白质最高的生物，而且还富含人体组织所必需的氨基酸和维生素A。每十只磷虾所含的蛋白质，就可以同两百克烤肉的营养价值相当。磷虾的皮很薄，肉却很丰富，既细嫩又鲜美，可以同对虾相媲美。磷虾还有药用价值，可以用来治疗胃溃疡、动脉硬化等病症。因此，磷虾已经成为世界捕鱼业者觊觎的对象。"

"可是，磷虾到底有多少啊？"我担心地问道，"如果过度捕捞，有可能会给南极以及南大洋的生态平衡造成灾难性的后果！"

"根据有关研究人员的估计，"大卫指着计算机屏幕上的表格说，"南极海域的磷虾蕴藏量，可能在30—50亿吨左右，有人认为可能更多。所以，人们把南极海域称为世界未来的蛋白质库。但问题是，磷虾的储量到底有多少，并没有一个准确的数字，因为很难估计。如果真有几十亿吨，每年捕获几千万吨，对南极的生态平衡应该不会有很大的影响。"

"那么，磷虾的繁殖能力如何？"我问道。

"南极磷虾在11月到12月产卵，每只雌虾能够产卵11000多个。成熟期为两年。生长一年的磷虾，可以长到2—3厘米长，到第二年成熟以后，有5—7厘米长。成熟的南极磷虾，雄虾的个体比雌虾略大一些。雄虾在交配以后，很快就会死去，雌虾可以活到产卵后的一段时期。"

鲸鱼的报复

我们正聊得起劲，忽然感觉船体晃动了一下，大卫机警地站了起来，往外张望着，自言自语道："起风了？"

我伸长脖子往外望去，海面上风平浪静，只有一大群海鸟在空中翻飞。"是不是我们的船碰上了一块浮冰？"

大卫挥了挥手，示意我不要说话。他竖起耳朵，屏住呼吸，眼睛盯着窗外。就在这时，突然，咣的一声，船体被什么东西撞了一下，猛烈地摇晃起来。

"鲸鱼！鲸鱼！"大卫喊道。

我的身体失去了平衡，从沙发上出溜到了桌子底下，又挣扎着爬出来，刚想站起来，就被大卫一把拉到了他那特制的椅子上。

马达响了，船身往前一蹿，接着加快了速度，开了没多久，又慢慢地停了下来。大卫说："好啦！船长很有经验，已经带我们逃离危险区啦！"

我和大卫来到甲板上，扶住栏杆往后望去，只见不远处，一头母鲸带着一头幼崽，在海里自在地游来游去。它们钻出水面，扑哧一声，喷出了高高的水柱，接着张开大口，山洞似的。后来，它们慢慢沉了下去，举起的尾巴像一把巨型的扇子，似乎在和我们打招呼。

"它们在捕食磷虾。"大卫喃喃自语，"我们侵占了它

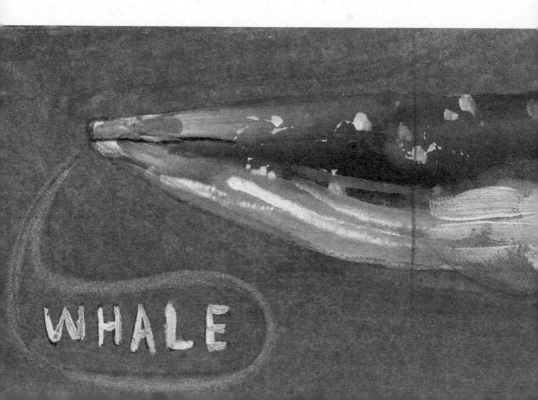

WHALE

们的猎场，夺走了它们的食物，这是它们的报复！"

　　太阳转到了东北，已经是下半夜了。鲸鱼早已不见了踪影，可能是吃饱了肚子，离开了。过了大约半个小时，直升机又把我和大卫接回了麦克默多基地。

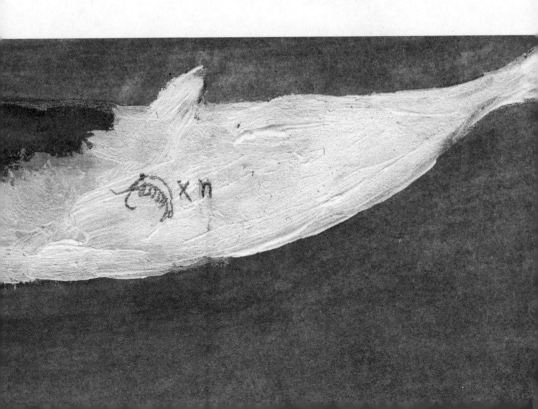

贼鸥是我们在南极见到的、除人类以外的第一种生物，初见它们时，我就感觉格外亲切。我们行进，它们就沿着我们前进的方向飞行，像是在给我们探路似的；我们安营扎寨，它们就在帐篷周围转来转去，等待着它们的零食时间。

第五章

贼鸥的冤案

尼尔的忠告

去南极之前，远在美国的老房东兼好友、地理专业教授尼尔告诫我："你到南极之后，要特别注意两件事情：一是要注意观察南半球的星空，那里的星空，和北半球的完全不一样；二是要注意保持心理上的平衡，因为那里生活单调，环境严酷，搞不好会精神分裂。"

飞到新西兰后，我夜里专门起来观察星空，果然与北半球的星空完全不同。我们熟悉的北斗七星、北极星、牛郎织女星、启明星都没有了，天上的星星一个也叫不上名字。而精神分裂的可能性则是我到达南极野外后，才意识到的。

连日的野外考察折磨着每个人的身心，同行的美国学生拼命地说笑话，编故事，甚至搞恶作剧，以便缓解身体的疲惫和精神的空虚，但这引不起我半点兴趣。我隐约感受到了精神上的孤独和心理上的压迫。原来尼尔并不是危言耸听。

后来，还是贼鸥解救了我们。

贼鸥是我们在南极见到的、除人类以外的第一种生物。初见它们时，我就感觉格外亲切。我们行进，它们就沿着我们前进的方向飞行，像是在给我们探路似的；我们安营扎寨，它们就在帐篷周围转来转去，等待着它们的零食时间。在随后的日子里，贼鸥和我们几乎形影不离，给我们单调而枯燥的野外生活，增添了不少乐趣，也驱散了我心中的阴霾。

贼鸥的食谱

开始时，我并不知道贼鸥只吃肉，因此经常会一厢情愿地把自己爱吃的东西分给它们。一天早晨，我看见几只贼鸥眼巴巴地等在那里，便把一片压缩饼干扔了过去。离饼干较近的两只贼鸥，看了以后无动于衷；而远处的一只，却急急忙忙地奔了过来，张嘴就啄。当它发现自己叼着的是块饼干时，立刻用力一甩，垂头丧气地走开了。原先无动于衷的两只贼鸥，则仰面嘎嘎大叫，像是在嘲笑它的无知。当时，我以为贼鸥也有幸灾乐祸、互相嫉妒的天性。后来才发现，这种仰面大叫，并不是嘲笑，而是临战前向对方发出的严重警告。如果对方不肯退让，接下来便是一场恶战。

贼鸥的吞食能力相当惊人。有一天，我看到一只贼鸥吐出一团东西。走过去一看，原来是一团绳子，拉开后，竟有一米多长。我大吃一惊，它怎么能把这么长的绳子吞进去又吐出来呢？

　　贼鸥之间信息传递之快也令人惊奇。有一天，野外工作快要结束时，我们把吃剩的一大堆牛肉放在雪地上。不到十分钟，竟飞来了上百只贼鸥。它们叽叽喳喳，上下翻飞，轮番向那堆牛肉发起攻击——俯冲下来，叼上一块，立即飞走。不大一会儿，那堆牛肉就被抢掠一空。

　　贼鸥虽然有趣，但不能因此掉以轻心。因为，它们也有自己的脾气。

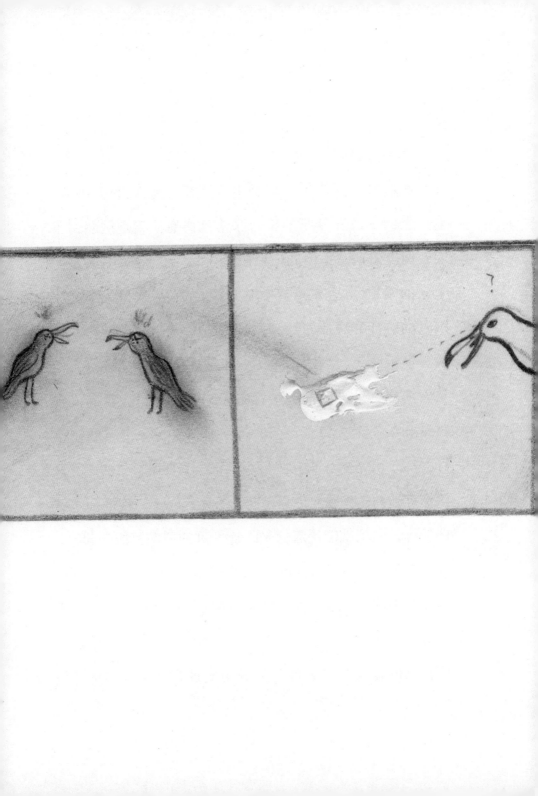

伤疤与标本

查尔斯·高德曼·伯德老先生就是贼鸥的受害者，他头上的一道五六厘米长的深紫色伤疤，就是贼鸥留下的，但查尔斯并不因此记恨贼鸥。"是我的错，是我侵犯了它的领地。"查尔斯笑嘻嘻地说，"有一次，为了观察贼鸥的孵卵和育雏过程，我想在一个贼鸥窝的旁边，安装一个摄像头。'房子'的主人以为我要毁了它的窝，便从天而降，对准我的头顶，狠狠地啄了一口。我的头皮被撕开了一个大口子，顿时鲜血直流，后来缝了二十多针呢！"说完他竟然有些得意。科学家都对自己的研究对象情有独钟，查尔斯也是如此，一说起鸟类，他那原本苍白的脸，立刻就能泛起红晕，连低垂的眉毛都能竖起来。

查尔斯毕业于美国普林斯顿大学生物系，专门研究鸟类。他说自己天生就与鸟类有缘，因为他们家族的姓氏 Byld 和鸟的英文单词 Bird 发音是完全一样的，他还戏称自己的家族是鸟家族。他的祖父理查德·依夫林·伯德是世界上首批飞越南北两极的人，也是位极地探险家，曾获得美国最高荣誉勋章和美国国会勋章。

　　"所以，你就把那个凶手做成了标本？"我看着查尔斯桌子上的贼鸥标本问道。

"不！不是！"查尔斯急忙摇了摇头，他轻轻地抚摸着贼鸥标本，非常惋惜地说，"这只贼鸥是被爱斯基摩犬咬死的。"

"麦克默多基地还有爱斯基摩犬吗？"我好奇地问道。

"有啊。"查尔斯说，"有人养了几条爱斯基摩犬，每次给狗喂狗粮时，贼鸥就会来抢食。一天，几只贼鸥又飞来抢食，爱斯基摩犬开始只顾低着头吃食，等那些贼鸥越靠越近时，其中一只突然跳起来，猛扑过去，咬住了一只贼鸥的脖子。等狗的主人把那只倒霉的贼鸥抢救出来时，它已经奄奄一息了。他把受伤的贼鸥交给了我。遗憾的是，我也没能救活它。我很痛心，觉得自己未尽到保护贼鸥的义务。考虑过后，我决定把它制成标本，这样就能经常看到它了。"

PECIMEN

名副其实的海洋大盗

"这样也算一种永生吧！你知道'贼鸥'在汉语中的意思是说像贼一样的鸥吗？它们很爱偷东西？"

"没错，它们确实擅长打家劫舍，干些偷蛋摸雏的勾当。筑巢时，它们以偷食其他鸟类的卵和幼雏为生，是企鹅最可怕的天敌。而在哺乳期，为了喂养自己的孩子，它们甚至明目张胆地抢夺其他鸟类捕获的食物。当海鸥、海雀等其他鸟类带着历尽千辛万苦捕获的食物，高高兴兴地从大海返回，准备喂养幼雏时，贼鸥就会从半路杀出，迎面拦击，用锐利的喙，猛啄受害者的背部和头部，迫使它们吐出吞进肚子里的食物，然后带回去喂养自己的孩子。有时候，贼鸥甚至会抢到人类的头上。当考察队员野餐时，贼鸥便会成群结队地围绕在旁边。一不小心，手里的肉就会被它们叼走。所以，叫它们贼鸥，也是事出有因，不无道理。然而，这也是生存所必需的。而且，如果从两极生态平衡的观点来看，贼鸥也是不可或缺的重要一环。

"不过，由于人类的到来，贼鸥的生活习惯已经发生了明显的变化。它们不再只是依靠偷食为生，而更多的是依靠捡食人类的生活垃圾。因此，贼鸥和人类的关系越来越密切。它们也是生活在地球最南端的鸟类,在南极，人们越来越喜欢贼鸥,越来越离不开它们了。你不也常说,贼鸥是你们南极考察队员唯一的长期伴侣吗？"

我告别了查尔斯后，就想回宿舍休息。走过厨房后面的垃圾箱时，一群贼鸥突然腾空而起，把我吓了一跳。南极的夏天就快过去了，贼鸥们正在拼命寻找食物，储备能量，准备迎接严酷的冬季。我忽然想到，一百多年前,当查尔斯的祖父理查德·依夫林·伯德在极地考察时，贼鸥就是这个样子；一百年后，贼鸥依然如故，而人类社会却日新月异。

在这里，海豹是保护对象，陆地上几乎没有什么能伤害它们，因此它们根本不怕人，但这里的海豹也有敌人——为数极少的嗜杀鲸和南极特有的豹形海豹。

第六章

南极海豹的故事

旷野的叹息

这天一大早，我和两个美国学生就开着一辆履带式汽车出野外了。在南极出野外，可是一件极其危险的事：极度的严寒、可怕的暴风雪和致命的冰缝，随时都可能置你于死地。所以，我们连续奋战，拼命工作，尽量缩短在野外的时间。好不容易熬到了晚上 8 点，再也坚持不下去了，于是决定收工。我们匆匆煮了一锅面糊糊填饱肚子，支起了帐篷，准备休息。

太阳仍然挂在天边，帐篷里很亮，而且非常寒冷，呼出的水蒸气，变成了细小的雪花，落了下来。我身底下只铺了一层睡袋和一个薄薄的塑料垫子，垫子下面，

就是厚厚的冰雪，寒气逼人。我翻来覆去，想了各种办法，仍然睡不着。实在

无计可施，我只好钻出帐篷，想到外面活动活动，使身体暖和起来。

外面就是罗斯海湾，一望无际，静谧无声，仿佛一切都被冻住了似的。在这悄无声息的冰原上，我漫无目的地溜达着，踏着厚厚的积雪，用力地挥动着双臂。

忽然，噗的一声，从我的前方传来了一声重重的叹息。我吓了一跳，急忙向前望去，海面、冰原空空荡荡。

"哎？"我大感迷惑，也许是同行的队友在开玩笑，故意吓唬我，可是，四周一马平川，他们能藏在哪里呢？

为了给自己壮胆，我大喊了两声。然而，除了回声之外，四周仍然是死一般的沉寂。我头皮发麻，心跳加速，感到了一种莫名的恐惧。

我一动不动地站在那里，攥紧拳头，屏住呼吸，希望能再次听到那声叹息，以便找到它的源头。时间一分一秒地过去了，一切仿佛凝固了似的。"也许刚才听错了。"我自言自语。

81

就在这时，呼哧！呼哧！忽然又传来了重重的喘息声。这回，我听得真切，那声音似乎是从地下冒出来的。确定了声音的方位之后，我便蹑手蹑脚地摸了过去。

前方厚厚的冰层上，一个光溜溜的脑袋，从一个井口般的圆洞中露了出来。"哈！原来是你啊！"一只海豹，正张着大嘴，大口喘气。我哑然失笑，刚想弯腰跟它打招呼，那海豹瞪了我一眼，眼睛一闭，沉入水中，只留下层层涟漪。

就这样，一场虚惊，睡意全无。突然飞来的狂野叹息，变成了茶余饭后的谈资。

北极海豹警惕性很高，因为在北极，因纽特人打海豹，北极熊也会吃海豹，所以人类很难接近北极海豹。南极的情况就大不相同了，在这里，海豹是保护对象，陆地上几乎没有什么能伤害它们，因此它们根本不怕人，但这里的海豹也有敌人——为数极少的嗜杀鲸和南极特有的豹形海豹。

南极凶兽

我就曾遭遇过豹形海豹的袭击。一天，我应赵先生邀请，一起去捕鱼。赵先生是美籍华人，生物学家，专门研究冰鱼。到达罗斯冰原后，他提议，先找一个海豹的呼吸孔，把渔网下下去。可呼吸孔很小，也没什么特殊标志，很难找。于是，我们决定先找海豹，海豹活动的区域肯定会有呼吸孔。

我们开着车，在冰原上转来转去，却不见海豹的影子。"真见鬼！"赵先生一面开车，一面东张西望，"平时这里海豹很多，今天怎么一个也没有？"

"不用着急。"我安慰他说，"海豹有的是，肯定能找到。"

"哎！有了！"他指了指前方，"那里躺着一头大海豹，肯定会有洞口。"说着，他加大油门，朝着那头海豹开去。距离愈来愈近，那头海豹却头不抬、眼不睁，仍然躺在那里睡大觉。

"这个家伙好大胆啊！没有任何反应，根本不把我们放在眼里！"赵先生嘟囔着。

"是不是一头死海豹？"我问道。

"不会。"赵先生毫不犹豫地摇了摇头说，"如果是一头死海豹，早就会有一大群贼鸥分而食之了。"

"那倒也是。"

在距离海豹还有五米左右时，我们停车，跳下来，举着相机，朝那头海豹走去。刚想拍照，那头海豹却突然张开大嘴，奋力向我们爬了过来。

"不好！快跑！"赵先生大惊失色，转身就逃，嘴里喊道，"这是一头豹形海豹！"

"什么豹形海豹？"我举着相机照拍不误，满不在乎地说，"不就是海豹吗？"我从没听说过海豹敢攻击人类。

那头海豹没追上赵先生，便张着大嘴，向我扑来。我一看它那架势，便想逗逗它，跟它来个赛跑。按照正常的速度，它是追不上我的。可倒霉的是，我跑着跑着，踩到一个冰块，脚一滑，扑通一声摔倒了。我刚想爬起来，那头海豹却已经追了上来，吭哧一口，死死地咬住了我的左脚。

"走开！"我大吼一声，用力踹去。但是豹形海豹毫不退缩，它正试图把我吞下去。就在这千钧一发之际，赵先生跑了过来，抡起三脚架，向豹形海豹的脑袋砸去。豹形海豹重重地挨了一下，这才松开了口。我趁机爬了起来，跳上了汽车。赵先生也迅速回到了车里。

那只豹形海豹又死死地咬住了三脚架，品尝了一下，发现味道并不好，就扔掉了三脚架，掉转身子往洞口爬去。赵先生取回三脚架，问我有没有受伤。

我说："我的胶皮靴子很厚，它咬不透，就是脚脖子有点肿。"

"我有消肿的膏药！"赵先生说着，打开急救箱，找出了一包膏药，抽出了一片，给我贴在肿胀处，说，"南极陆地上没有什么凶兽，但海里就不同了，南极海里最大的食肉动物是嗜杀鲸，它们以鲸鱼、海豹和企鹅等为食，还有一种凶兽就是豹形海豹。"

豹形海豹的花招

"豹形海豹主要以企鹅和海豹为食。"赵先生发动了汽车,一面驾车缓缓前行,一面用望远镜观察刚才发现豹形海豹的地方,"这就是为什么,附近没有海豹:都被它吓跑了。不过,那个家伙已经钻进呼吸口里去了。惹不起,躲得起,我们还是到别的地方去看看吧。"

"豹形海豹多吗?"我有点后怕,低声问道。

"不多!"赵先生缓缓地摇了摇头,"自然界总是遵循着这样的规律:食肉动物少,食草动物多;高级生物少,低级生物多,形成了宝塔形。只有这样,才能有效地保持生态平衡。和罗斯海豹的数量相比,豹形海豹的数量是很少的。但是,它们很聪明。有时候,它们看到企鹅站在不大的冰块上,就会集合起来,齐心合力把冰块推翻或者拱碎,企鹅一落水,它们就一拥而上,分而享之。"

"这些家伙看上去笨头笨脑,智商还挺高呢。"

"是啊!"赵先生说,"动物和人类一样,为了生存,

会想出各种各样的花招。几年前，我有个同事来南极。有一天，他在一块浮冰上捞取海藻，被几只豹形海豹发现了。它们便组织起来，轮番努力，想把浮冰掀翻，以便饱餐一顿。我那个同事一看大事不妙，就用无线电呼救，最后被基地里派出的直升机接到了岸上，才保住了一命。"

"看来，"我心有余悸地说，"豹形海豹是南极唯一能给人类带来威胁的动物。"

"豹形海豹的威胁是很小的，因为它们数量很少，而且不怎么到冰面上来。不像北极熊，恐怖至极！"赵先生说。

"大自然真是奥妙无穷。"我笑着说，"北极有北极熊，强大而凶猛；南极则有企鹅，温顺而友好。"

　　它背上的羽毛漆黑发亮，从头到尾，柔软细密，除了眼睛和嘴巴，其他地方都覆盖得严严实实。而它的腹部，所有绒毛雪白透亮，闪闪发光。

第七章

南极企鹅的故事

感恩节该感谢谁

我们在野外考察时，值班和打扫卫生都是轮流负责的。这天正好轮到我值班。晚饭后，等我把东西整理好，已经是午夜 12 点了，但太阳依旧悬在半空。今天是感恩节，考察队里的美国人都跑到附近的冰洞消遣去了，只留我看守营地。我拖着疲惫不堪的身子，钻进了帐篷。刚躺下，就听到外面传来奇怪的叫声，不像贼鸥，倒有点像鸭子。我从帐篷里爬出来，向叫声传来的方向望去，原来是只企鹅！

那只企鹅正站在离我帐篷不远的地方东张西望，可能是怕突然出现会惊扰到我，所以先叫几声，算是打招呼了。

见此情景，我欣喜若狂，抓起相机，奔了过去。企鹅见了我，拍打着翅膀，迎了上来，好像是老朋友久别重逢似的仔细打量着我。我赶紧把镜头对准它，它则像个老练的演员，沉着大方，摆出各种姿势。

　　拍完以后，它看着我们的帐篷，格外好奇。于是，在我的陪同下，它摇摇摆摆地走进了营地，转来转去，巡视了一遍。

　　参观完毕，它大概有点累了，便在我的帐篷旁边卧下，脑袋一缩，打起盹儿来。我蹲在它的身边，仔细地观察着。只见它背上的羽毛漆黑发亮，从头到尾，柔软细密，除了眼睛和嘴巴，其他地方都覆盖得严严实实。而它的腹部，所有绒毛雪白透亮，闪闪发光，与背上的羽毛形成了鲜明的反差。回想它刚才从容不迫的举止，真像是穿着燕尾服的绅士。我忍不住伸出了手，想摸摸它的头。

　　可我刚刚碰到它的头，它就咚地站了起来，摆出了一副誓死迎战的架势。看到它那副认真的样子，我赶紧说："对不起，你继续睡觉吧！我不该打扰你！"说完，便爬进了帐篷。

　　不知过了多久，我被企鹅的叫声惊醒了。爬出帐篷一看，那只企鹅正昂首挺胸地站在那里，似乎想要上路，又犹豫不决，大概是觉得不打招呼就走不礼貌，所以就先叫我出来。见到我以后，它就转身离开了。这可能是我见过的最懂礼貌的动物了。

那么，这只可爱的企鹅为什么会脱离群体，单独行动呢？一个专门研究企鹅的科学家告诉我，企鹅在繁殖期要寻找配偶，竞争非常激烈。通常公企鹅会先占据有利地形，找几块小石头，就算是自己的家了，等待着母企鹅的到来。但是，要想找到一个合适的伴侣并不容易，常常会发生激烈打斗。有的企鹅失恋了，找不到理想的配偶，就会脱离群体，离家出走。所以，我猜想，刚刚看到的那只企鹅，也许就是一个倒霉的失恋者。

这就是我第一次看到企鹅时的情景。这情景，将作为极其美好的记忆，永远留存在我的脑海里。美国人的感恩节，原是为了感谢上天赐予的好收成，感谢印第安人的帮助。但是，我在南极度过的这个感恩节，却另有一番不同寻常的意义。我应该特别感谢那只可爱的企鹅，正是它，在我远离家乡，倍感孤寂时，给我留下了美好的记忆与谈资，让我感到无比的快乐。

意外的送行

野外工作终于结束了，每个人的心情都无比轻松，如释重负，仿佛突然冲出了刀光剑影、危机四伏的战场，一场残酷的战斗终于结束，可以全身而退了。除了能够活着回来，还有一件特别值得庆幸的事，就是我见到了当地的居民——企鹅，总算心满意足了。

但是，谁也没有想到，在我们即将离开罗斯冰原时，还会有企鹅送行。

那天，天气晴朗，风和日丽，埃拉伯斯活火山顶上，

喷发出来的雪白蒸气，笼罩在火山之上，形成了一顶巨大的斗笠。早晨起来，大家异常兴奋，聚在一起，欣赏着绮丽的风光。

上面是蓝天白云，脚下是连绵冰雪，不知道从哪里飞来了几只贼鸥，在我们头顶上打转。我们赶紧把剩下的食物都拿了出来，好让它们尽情地饱餐一顿。

吃完早饭，我们把各种装备分装在几辆汽车上，排成一支长长的队伍，浩浩荡荡地向基地进发。我坐在最后一辆履带车里，车子后面还拖着一个装满物资的雪橇。

开着开着，忽然听到后面似乎有什么东西在叫唤。我回头一看，原来是四只企鹅正跟在我们后面紧紧追赶。它们一面拼命地奔跑，一面高声尖叫着，似乎在大喊："等一等！等一等！"很显然，它们是看见了我们的雪橇，不知道是什么东西，也许以为是个动物，所以穷追不舍，想赶上来看个究竟。

见此情景，我们赶紧停了下来，走上前去表示欢迎。但是，企鹅们并没有急于围拢过来，而是慢慢靠拢，仔细地端详着周围的一切，显得很有风度。走在最前面的那只企鹅，可能是它们的组长或者班长，首先摇摇摆摆地走了过来，围着雪橇转了一圈。其他三只企鹅，看到没什么危险，这才跟了过来，在我们的身边转来转去。它们把所有的东西都看了一遍，这才心满意足，拍拍翅膀，告辞了。

我们也回到车上，向企鹅们挥动着双臂，大声喊道："再见了，谢谢你们给我们送行！"企鹅们却头也不回，只顾赶自己的路。

企鹅村

时间是不可逆的，所以，生活是瞬间艺术。从这个意义上来说，生活的每时每刻，一事一物，都是一闪即逝。有些事情，一旦过去，很快就会被遗忘；而有些事情，却会永远留存在记忆里。我在南极的经历，就是如此。

我在南极考察，最后一个观测点，在一块有火山岩出露的空地上。离我们的观测点不远的地方，有一栋木制的小屋。要知道，在南极荒无人烟的大地上，突然看到一栋小房子，你会觉得格外惊奇，甚至怀疑那是不是海市蜃楼。

我们观测完毕之后，便都拥到那座房子里去参观。只见里面有一些破旧的衣服、女人靴子、瓶瓶罐罐、刀叉炊具之类的生活用品。房子的周围，还放着许多罐头、狗食、草捆之类，似乎这栋房子的主人，才刚刚离去。

但是，我看了钉在房子上的一块铜牌上的文字才知道，原来，这栋小房子就是著名的英国南极探险家沙克尔顿于 1907—1909 年间率领英国探险队在这里建造的，故被称为"沙克尔顿小屋"，距今已经有七八十年的历史了。人类真正登上南极大陆，还不到二百年，所以，七八十年以前的历史遗迹，已经是相当古老的了。"沙克尔顿小屋"建造得非常坚固，加之这里没有什么人为破坏，因此至今完好无损。

参观完毕，我站在高处，放眼往四周望去，不禁大

吃一惊。原来，离这里只有几百米的地方，就有一个企鹅村，成千上万只企鹅，聚居在一块不大的地方，黑压压的一片。看到这种情景，我热血沸腾，惊喜万分，抓起相机，就跑了过去。

但是，与前面看到的那些活泼好动的企鹅不一样的是，这里的大部分企鹅正忙于孵蛋，对于我的到来并不在意，表现出一副无动于衷的样子。它们的住所非常简朴，只有几块石子和一点点冰雪而已。单凭我们的眼睛，很难区分这些窝，但聪明的企鹅，却能在成千上万的窝中，准确无误地找到自己的家。

正当我聚精会神地参观访问时，直升机的驾驶员却在我的背后大喊大叫起来。我听不清他说的是什么，还以为他是在喊我赶快回到机上去。等我回来以后，他指着一块小小的木牌子吼道："这里是阿德利企鹅保护区！你越过这个牌子，就得罚款五千美元！"

我确实没有看见那块牌子，只好向他表示歉意。他解释说，因为以前经常有人到这里来参观，致使好奇的企鹅父母忘记照看自己的孩子。结果，一些幼小的企鹅失去了父母的保护，或者冻死，或者被贼鸥偷了去。从1975年起，这个企鹅村的居民数量开始明显地减少。为了使这个企鹅村免遭灭顶之灾，人们便把这里划为禁区。

我对南极企鹅的认识，很大一部分是来自一场演出。这场演出是由一对美国父子——格林·坎贝尔和汤姆·坎贝尔策划的。坎贝尔先生是好莱坞的导演兼摄影师，曾经多次进入北极，拍摄了许多有关北极熊、北极狼、北极狐狸，以及北极驯鹿的纪录片。汤姆是他最小的孩子，只有8岁，是在北极出生的，今年上小学二年级。为了拍摄一部关于企鹅的纪录片，他们计划在南极待一年。汤姆利用身高优势，装扮成企鹅，打入企鹅内部，获取第一手资料；坎贝尔先生则负责拍摄和剪辑。这场演出是他们的中期汇报表演，为的是感谢基地对他们工作的关心和支持，也为给单调的极地生活增添一点乐趣。

南极的居民是企鹅！所以，我们是代表企鹅来慰问你们的！为此，坎贝尔先生和他的小儿子汤姆，冒着生命危险，化装成企鹅，深入到企鹅当中，和它们同吃同住，拍摄了许多极其珍贵的镜头。

第八章

来自好莱坞的汇报演出

序幕

周五的晚上，食堂大厅里人头攒动，欢声雷动，基地里的人几乎都来了，把大厅挤得水泄不通。

麦克默多基地由三部分人员组成：第一部分是前来考察的科学家，他们是主力，但是人数并不固定，一旦完成了任务，就会匆匆离去；第二部分是基地工作人员，包括管理人员和后勤队伍，他们在这里工作的时间比较长，冬天也有人留守，相对比较固定；第三部分是海军，他们负责交通、运输和通信。

食堂里的桌椅都被搬了出去，以便腾出更多的空间，但观众只能站着了。那些外国人，个个人高马大，相比之下，我成了矮个子，而演出的舞台又很低，我即使抬起脚后跟，也看不到演出。就在我束手无策时，有人拉了我一把，原来是接待室管理员波尔克。他凑近我耳边悄悄地说："位博士，跟我来！"

我跟着波尔克钻出了人群，来到了后台，发现在舞台的一个角落里，放了一个小凳子。波尔克把我按在板凳上，嘱咐说："你就坐在这里看吧！本来还给大卫留了座，但他这会儿还在魔鬼号上，回不来。"我连连道谢，没想到，这次又受到了特殊照顾。

坐到了前面，我才看清了舞台的陈设。所谓的舞台，只是在地板上铺设了一层约十厘米厚的木板。背后的墙上，挂着一块大白布。台子中央放着一个支架，上面插着一个麦克风。舞台的天花板上，有几个聚光灯。

演出预定 8 点开始，之后是化装舞会。7 点 47 分，舞台上还空荡荡的，没有什么动静。台下热情洋溢的观众翘首以待，议论纷纷，都把急切的目光聚焦到了小小的舞台上。

7 点 55 分，大厅里突然安静下来。我急忙往台子上一看，顿时目瞪口呆，只见台子中央，站着一个人，金发碧眼，白色衣裙，俨然就是玛丽莲·梦露！霎时间，大厅里鸦雀无声。

台子上的"玛丽莲·梦露"伸手拿起了麦克风说："女士们！先生们！来自好莱坞的著名导演兼摄影师格林·坎贝尔先生，率领一个演出小组，万里迢迢来到南极，为战斗在冰天雪地里的英雄们，带来了一场精彩的演出！"

"好啊！太棒啦！"人们热烈鼓掌，高声欢呼，用力地跺着脚，整个食堂都为之震动，仿佛就要坍塌下来似的。

"大家都知道，""玛丽莲·梦露"收敛了笑容，看着

大家说，"南极的居民是企鹅！所以，我们是代表企鹅来慰问你们的！为此，坎贝尔先生和他的小儿子汤姆，冒着生命危险，化装成企鹅，深入到企鹅当中，和它们同吃同住，拍摄了许多极其珍贵的镜头。现在，他们将以企鹅的身份来慰问大家！同时也想让更多的人了解企鹅，关心

和爱护企鹅！"

"好啊！"人们群情激昂。这些观众虽然在南极工作，有的人也来过许多次，但是很少有机会见到企鹅。

"那就赶快开始吧！"有人急不可耐，大声催促起来。

第一幕：企鹅的婚育

忽然，舞台上方的聚光灯灭了，大厅里的光线跟着暗了下来，大屏幕缓缓地亮了起来。人们也都安静地盯着大屏幕。趁着人们转移目标之际，"玛丽莲·梦露"弯腰悄悄地溜下了舞台。

大屏幕上出现了一支长长的队伍，在风雪中缓缓前行。镜头渐渐拉近，原来是一队企鹅。正在这时候，一只"企鹅"摇摇摆摆地走到了台子上。我一看就知道，这是小汤姆，因为基地只有他一个小孩。小汤姆拿起了麦克风，稚声稚气地说："这是我们帝企鹅的一个家族，它们正在回老家的路上。"

99

镜头一转，出现了三只帝企鹅，正扇动着翅膀，互相推来推去。

"你们知道它们三个在干什么吗？"汤姆问道。

"它们在打架！"许多人异口同声地回答说。

"不对！"小汤姆摇晃着脑袋，大声说，"这是三角恋爱！"

"哇！"大厅里爆发了一阵哄堂大笑。

小汤姆胸脯一挺，说："这三只企鹅有两只是公的，一只是母的，两只公企鹅大打出手，就是为了争得母企鹅的芳心。"

"你是公的还是母的？"有人故意逗他。

"我当然是公的！"小汤姆显得很老练，有问必答。

"你娶了几个妻子？"一个大个子黑人，冲着小汤姆嬉笑着问道。

"我还没有结婚！"小汤姆毫不犹豫的回答引起了一阵哄笑。他不慌不忙，镇静自若地说，"而且，我也不能和企鹅结婚。我的任务是观察它们，了解它们！我发现，公企鹅和母企鹅一旦确定了关系，就会成为恩爱夫妻。回到老家以后，母企鹅要生蛋时，公企鹅会赶紧站好，把脚丫子摆整齐。母企鹅小心翼翼地想办法把蛋生在公企鹅的脚上。它不能生在地上，因为地上都是冰雪，很容易把蛋冻坏。有时候，母企鹅掌握不好，把蛋生在了地上，公企鹅就马上用嘴一搂，把蛋搂在自己的脚丫子上，再用肚皮把蛋紧紧地包住。"小汤姆说到这里，停了下来，望了一眼大屏幕。

"然后呢？"人们听得津津有味，非常入神。

"然后是，公企鹅站在那里，不能吃，不能动，要两个多月。在这期间，公企鹅有时候冻得实在受不了了，就会慢慢地挪动身体，和其他的企鹅爸爸挤在一起，互相取暖。但是，企鹅的体温有 37℃，大家挤在一起，时间长了又会热得受不了。所以，企鹅爸爸们会不停地运动，外面的往里挤，里面的往外挪。有一次，我也挤了进去，被企鹅们包围着，热得喘不过气来，差点闷死。"

"母企鹅干什么去啦？"有人关心地问道。

"母企鹅看到公企鹅把蛋包好了，没有问题了，就匆匆忙忙回到大海，拼命地找东西吃。它一面吃，一面想，小企鹅什么时候能生出来，它要回来喂孩子。"小汤姆指着大屏幕，不紧不慢地解说着，"两个半月以后，小企鹅破壳而出，来到了这个世界上。"

这时候，大屏幕上出现了一只小企鹅，它挣扎着，一点一点地撑破硬壳，慢慢地从蛋壳里钻了出来。

"可这时母企鹅还没有回来。"小汤姆因为曾经身临其境，所以感触很深，情深意切地说，"小企鹅只好站在零下几十摄氏度的暴风雪里，盼望着妈妈的归来。"

大屏幕上出现了一群母企鹅，一会儿站着急急忙忙往前走，一会儿肚皮着地，用两只脚蹬着冰雪，用力往前滑行。

"母企鹅回来一看，"小汤姆继续介绍道，"自己的孩子出来了，一家三口其乐融融。母企鹅赶快张开口，小企鹅急忙迎上去，到它喉咙里掏东西吃。公企鹅一看妈妈回来了，便匆匆忙忙回到大海，吃东西。"

说到这里，小汤姆伸长脖子，往后台张望，显然想找自己的爸爸。可是，坎贝尔先生不在，他只好回过头来，对着台下问道："哎，现在有一个问题：小帝企鹅吃到的第一口食物，来自母亲还是来自父亲？"

"母亲！"有人不假思索地喊道。

"父亲！"有人大声反驳。

"小帝企鹅生出来的时候，"小汤姆环视着大家，声音低沉，动情地说，"妈妈还没有回来。可是，小企鹅非常饥饿，拼命地要东西吃，它甚至撕咬爸爸的胸脯。那时候，爸爸已经两个多月没有吃东西了，还得把自己胃里仅有的东西，吐出来喂自己的孩子。"

说着说着，小汤姆竟然呜呜地哭了起来。

坎贝尔先生急忙从后台跑了出来，冲到台子上，抱住了小汤姆。小汤姆看到了爸爸，重新振作了精神，举着麦克风，挺起了胸脯，擦去眼泪，对着大家深深地鞠了一躬，抱歉地说："对不起！爸爸不让我哭！可是，爸爸带着我，在冰天雪地里，和企鹅混在一起。他随时保护着我，不让我冻着，但是，他自己的手脚，都冻坏了！"说着，小汤姆又放声大哭起来。

坎贝尔先生和小汤姆，本来都穿着专门的企鹅服，全身包裹得严严实实。除了个头大一些，如果不仔细观察，足以以假乱真。坎贝尔先生看到儿子哭得那么伤心，就帮汤姆拉开了企鹅服头上的拉链，让他露出脑袋，然后又把自己企鹅服头部的拉链拉开了。父子两个对着观众，弯下腰去深深地鞠了一躬。

"太好啦！坎贝尔先生！"

"太好啦！小汤姆！"

"感谢你们精彩的演出！"

大厅里响起了经久不息的掌声和欢呼声。人们冲上了舞台，把坎贝尔先生和小汤姆围了起来，轮流和他们热烈拥抱。有些人把小汤姆抬了起来，高高地抛到了空中。

第二幕：帝企鹅为什么要上幼儿园？

舞台上出现了两只企鹅，一前一后，一大一小，是坎贝尔先生和他的儿子汤姆。

只是，他们的企鹅服都发生了变化。坎贝尔先生虽然身材魁梧，虎背熊腰，比真实的帝企鹅要雄伟高大许多，但他的演技很好，走起路来一摇一摆，把企鹅的形态和动作，模仿得惟妙惟肖。

小汤姆穿着一套咖啡色的企鹅服，身上的羽毛乱蓬蓬的，这是小企鹅脱毛前的样子。不过，按照他们两个的比例来看，正好是一只大企鹅带着一只小企鹅。大企鹅晃晃悠悠，默默地走着，小企鹅跟在后面，亦步亦趋。

"爸爸！"小企鹅似乎有点不高兴，不耐烦地问道，"你要带我到哪里去啊？"

"送你去幼儿园。"大企鹅头也不回，闷声闷气地说。

"我不想去幼儿园。"小企鹅低声嘟囔说，"你为什么要把我送去幼儿园啊？我想和你和妈妈在一起。而且，我们的邻居，那些阿德利企鹅的孩子，从来也不上幼儿园！"

大企鹅停了下来，转过身来，看着小企鹅，耐心地解释说："阿德利企鹅的孩子，不用上幼儿园。它们的个子小，只有几十厘米高，几千克重，很快就能长大成'鹅'。你们可不行，你们需要父母精心地照顾整整一个寒冬，才能长大。"

"我们为什么要上幼儿园啊？"小企鹅还是不明白。

"因为你们个子很大，吃得很多，只靠爸爸或者妈妈带回的东西不够你们吃的。只有爸爸妈妈都下海，才能保证你们吃饱肚子，快快长大，所以爸爸妈妈只好把你们送去幼儿园，明白了吧？"

"明白了！"小企鹅看着爸爸，极不情愿地点了点头，接着又犹豫了，摇了摇头说，"可是，我不明白，为什么我们帝企鹅个头比阿德利企鹅大，却打不过它们。它们常常欺负我们，啄得我们到处跑，那又是为什么呢？"

这时候，大屏幕上出现了一个画面，有三只高大的成年帝企鹅，正在冰上走。忽然跑来了一只身高只有它们一半的阿德利企鹅，在它们的脊梁上猛啄。三只帝企鹅招架不住，落荒而逃，扑通！扑通！跳到水里去了。

"这是不是因为，"小企鹅指着大屏幕问道，"它们不用上幼儿园，我们必须上幼儿园呢？"

这一问，引起了下面一阵骚动，有人幸灾乐祸地说："问得好！小企鹅很机灵！"

"爸爸被儿子绕进去了！"有人在下面起哄道。

大企鹅显然没有准备，一下子被问住了，有点恼羞

成怒，左顾右盼，沉默了半天，突然
对着小企鹅厉声训斥道：“你这个小东
西！就是不想上幼儿园是不是？阿德
利企鹅与我们有什么关系？我们帝企
鹅温文尔雅，是企鹅之王！它们阿德
利企鹅，又小又丑，野蛮无知，我们
怎么能和它们一般见识？你不要转移目标！赶快跟我去
幼儿园！”

　　“要保护小企鹅的人权！不！是鹅权！”

　　“小企鹅可以不去幼儿园！”人们七嘴八舌。

　　这时候，大屏幕上出现了一群小企鹅，密密麻麻，
挤在一起，有几只大企鹅看着它们。小企鹅看到这种情景，
对大企鹅说：“爸爸，你看有那么多小企鹅，乱糟糟地挤
在一起，它们的样子都差不多。如果我也混在它们中间，
你和妈妈就是找到了食物，也不可能从成百上千只小企
鹅中认出我来呀！如果你们找不到我，我没有东西吃，

就会活活饿死！"说着，呜呜地哭了起来，哭得非常伤心。

"对呀！你们怎么能保证找到自己的孩子？"一个胖胖的白人妇女，大概是想起了自己的孩子，非常激动，挤到了前面，冲着大企鹅大声质问道。她高高的个子，棕色的头发，是基地的工作人员。

对于这个问题，看来大企鹅早有准备。他不慌不忙，胸有成竹，对着大家提高了嗓门反问道："你们人类，能认出自己的孩子吗？"

"当然可以！"那个高大的胖女人，拍着胸脯说，"我们一眼就能认出自己的孩子！但是，你们的孩子，那些可爱的小企鹅，在我们看来都一模一样，就像是一个模子里刻出来的。你们怎么能准确无误地找出自己的孩子呢？"

"从长相！"

"从味道！"有人在下面喊道。

"都不是！"大企鹅微微一笑，摇了摇头，冲着台下大声说，"你们每个人的声音都有自己独特的频率，我们企鹅也是一样，我们的孩子一出生，它们的叫声就深深地刻进了我们的记忆里。所以，无论离得有多远，只要一听到孩子的叫声，我们就能找到我们的孩子。"

"啊！原来如此！"人们这才恍然大悟。

小企鹅一看没有办法了，只好对着大企鹅恳求说："我要上幼儿园了！希望爸爸和妈妈能早一点来接我！给我带来许多许多好吃的！"

"好孩子！"大企鹅走过来，把小企鹅紧紧地抱在怀里，亲吻着它的脑袋，深情地看着它说，"你在幼儿园里，要好好听老师的话，注意保护好自己。我们回到大海，去抓许多磷虾，还有小鱼，带回来给你吃！"

第三幕：企鹅的奥秘

这时，舞台上突然出现了一只真的企鹅，是一只阿德利企鹅。所有人的目光，都聚焦到了这只企鹅的身上。

坎贝尔先生示意把舞台上方的聚光灯关了，因为企鹅在聚光灯下非常紧张。小汤姆走过去，和企鹅并排站在一起。阿德利企鹅好奇地东张西望，似乎和小汤姆非常熟悉。

"请允许我把我的孩子介绍给大家！"坎贝尔先生指着身边的企鹅对大家说，"这是我们在野外救助的企鹅，它叫安德鲁！它的左腿摔断了，我已经把它治好了。安德鲁跟我们非常友好，一直跟着我们，就像是汤姆的弟弟。但是，在离开南极之前，我们要把它放归大自然！"

"在离沙克尔顿小屋不远处，就有一个企鹅村！"一个黑人站起来介绍说，"那里生活着几十万只阿德利企鹅！"我一看，他正是那天为我讲解企鹅村禁地的直升机驾驶员。

"是的！"小汤姆说，"安德鲁就是在那附近被发现的。"因为小汤姆当时穿着逼真的企鹅服，安德鲁大概把小汤姆当成了同类，和他挨得紧紧的。坎贝尔先生虽然也穿着企鹅服，但是他的个子实在是太大了，安德鲁大概从来也没见过那么大的企鹅，总是躲得远远的。

"企鹅为什么要在离海边那么远的地方安家？"刚刚提问的那个胖女人好奇地问道。

"企鹅的父母，把繁殖地选在离大海远一些的地方，虽然来回奔波，非常辛苦，但可以保证孩子们的安全。因为那些地方可以远离豹形海豹的威胁和侵扰。"

"我觉得企鹅非常神奇。"一位海军军官挤过来说，"它们为什么会在南极如此恶劣的环境里生存下来，繁衍生息呢？"

"这个问题我来回答！"小汤姆自告奋勇，指着身边的安德鲁说，"我和它们生活在一起，发现了它们的许多秘密！企鹅之所以能够抵御南极极度的严寒，不仅是因为它们身上的皮下脂肪特别厚，更重要的是，它们的羽毛也特别光滑，非常致密，严密地覆盖着整个身体。闲暇的时候，企鹅会不断地梳理自己的羽毛，并在羽毛上涂上一层特殊的油脂。这样，在游泳的时候，海水就不会浸入羽毛里。而在陆地上时，大风一吹，致密的羽毛就会紧紧地贴在企鹅身上，非常光滑，风根本吹不进去，有效地防止了热量的散失。当企鹅趴在窝里的时候，羽毛会形成一个隔热层，雪落到企鹅的身上，也不会融化。"小汤姆说得头头是道，就像背书似的。

"但是，"坎贝尔先生打断了小汤姆的话，进一步指出，"有其利也必有其弊。一到夏天，天稍微暖和一点，企鹅们就会热得受不了，只好站立起来，张开嘴巴大口呼吸来乘凉。它们那没有毛的脸部和羽毛稀少的头部，也有助于散发热量。除此之外，它们还可以利用梳理羽毛、呼扇翅膀、叉开双脚等方法，将身体内多余的热量散发出去。当这些方法都无济于事时，它们就会跳进大海里，痛痛快快地洗个澡。"

不知道什么原因，台子上的阿德利企鹅安德鲁忽然狂躁起来，伸长脖子，扇动着翅膀，又叫又跳。可能是因为太热了，而且有那么多人，它紧张了。负责喂养它的饲养员跑了上来，把安德鲁带走了。

"企鹅有什么天敌啊？"一个男人在后面大声问道。

"有啊！"坎贝尔先生挪动着步子，学着企鹅的样子，指着台下的观众，开玩笑说，"你们就是！企鹅的天敌首先是我们人类。历史上，曾经有人，主要是澳大利亚人，大肆屠杀南极企鹅，用来炼油。后来因为遭到了全世界的谴责和抗议，才停了下来。现在，企鹅是保护对象，受到了严格的保护。但是在自然界，它们最可怕的天敌是豹形海豹。豹形海豹是南极沿海最凶猛的掠食动物，它们会躲在岸边，趁企鹅从大海里归来，已经筋疲力尽之时，猛地窜出来，将企鹅咬死。为了防止豹形海豹的偷袭，一群企鹅会在上岸之前，突然来一个急转弯，以便把豹形海豹引出来，避

免遭到伏击。还有就是嗜杀鲸，它们有时候也会吃企鹅。"

"你说的嗜杀鲸就是杀人鲸吧，也叫虎鲸。"一个年轻人挤到前面说，"不过据我所知，杀人鲸主要吃海豹，也能围攻其他的鲸鱼。它们很少吃企鹅。因为对它们来说，企鹅太小了，只能当点心吃。"

"企鹅还有一个天敌，"那个人的话音刚落，鸟类专家查尔斯·高德曼·伯德先生接着补充说，"就是贼鸥。我是研究贼鸥的。据我观察，每年被贼鸥吃掉的企鹅蛋和小企鹅不在少数。由于气候恶劣，环境严酷，而且天敌很多，企鹅在长大之前的死亡率是很高的，可能会达到 70% 左右，也就是说，十只小企鹅，只有三只左右能够活下来。"

"那也太可怜啦！"胖女人一听，把嘴一撇，皱着眉头，惊讶地说，"十个孩子，只有三个能活下来！那么，它们的寿命有多长啊？"

坎贝尔先生看到大家你一言、我一语，讨论得很热闹，似乎把自己的话语权剥夺了，赶紧举起话筒，抢着解释说："企鹅虽然成活率相对来说比较低，但是数量却非常庞大，大约占所有南极海鸟总数的85%。在它们的一生中，大约有一半时间生活在陆地上，一半时间生活在大海里。有幸存活下来的企鹅，寿命很长，有的可以活二十多年。"

突然，大屏幕上出现了奥林匹克运动会入场式的场景。但是，入场的运动员不是人，而是动物。走在最前面的，就是帝企鹅。一队帝企鹅，雄赳赳气昂昂，神气活现，鼻子朝天，在冰天雪地里徐徐前行，摆出一副目中无人的样子，引起了人们一阵欢呼。企鹅的后面，是非洲大象，有大有小，结伴而行，在广袤的草原上漫步。大象的后面，是长颈鹿，三五成群，徐徐而过，不时地停下来，摘食树梢上的嫩叶子。长颈鹿的后面，是北极熊，一头母熊带着两头小熊，正在浮冰上找东西吃。忽然，一头饥饿的公熊窜了过来，熊妈妈奋不顾身，迎上前去拼死抵抗。但是，它的体力渐渐不支，公熊终于占了上风，

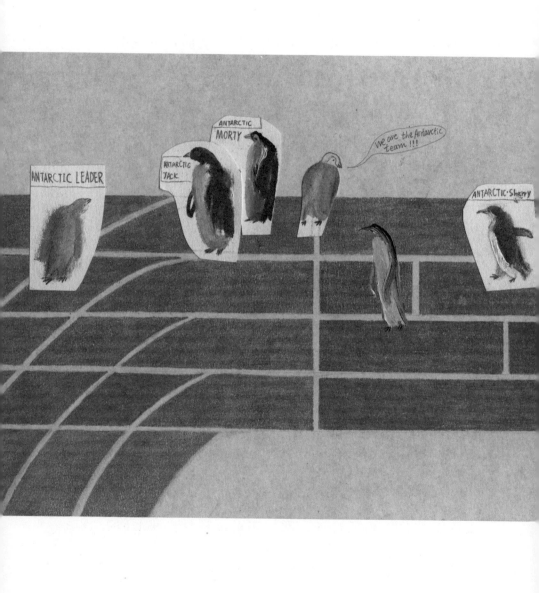

把一头小熊叼走了，人群中发出了一阵惊叫。

这时的屏幕上出现了一面旗帜，不是奥运会的五环旗，而是一面六环旗。

小企鹅汤姆往前迈了一步，指着大屏幕说："这是动物世界国际奥林匹克运动会的旗帜，这第六个环代表的是南极大陆。我们企鹅是南极居民，当然也就是南极大陆当之无愧的代表队。"

"好啊！太棒啦！"人们齐声欢呼，"奥林匹克运动会是开放的，本来就应该包括南极！"

"可是，"有人马上提出了异议，"南极没有人，没有永久性的居民，怎么参加奥运会啊？"

"南极有企鹅啊！"接着有人反驳说，"企鹅就是南极大陆永久性的居民！"

"胡说八道！"有人大声斥责道，"企鹅怎么能和人比赛？简直是天方夜谭，异想天开！"

"这就是为什么，"坎贝尔先生站了出来，大声宣布说，

"我们要召开一次动物世界国际奥林匹克运动会！"

"啊？动物世界国际奥林匹克运动会？"有人大声嚷嚷起来，伸长脖子高声叫道，"这可是个新鲜事！从来也没有听说过！"

"企鹅能参加什么比赛项目啊？"胖女人听了，高兴得手舞足蹈，笑着问道，"它们能得到冠军、拿到金牌吗？"

"能！"小企鹅汤姆跳了起来，拍着胸脯，信心百倍地说，"我们企鹅是世界上知名度最高、名声最好、最受欢迎的动物！我们的生物钟最准！我们的方向感最强！我们与人类最为亲近！我们的性格最为温顺！所以，在动物世界国际奥林匹克运动会中，我们一定可以得到许多冠军！拿到许多金牌！"他越说越兴奋，越说越得意，拍打着翅膀，扭动着屁股，跳起了自编自导的企鹅舞，坎贝尔先生也跟着跳了起来。

人们被他们逗得哈哈大笑，前仰后合，一个个也都忘乎所以，情不自禁地拍着巴掌，踏着拍子，又说又唱，大厅里变成了欢乐的海洋。

第四幕：企鹅的绝招

坎贝尔先生和小汤姆都穿着企鹅服。企鹅的腿很短，他们两个只能迈着小碎步，看上去非常滑稽。跳着跳着，大企鹅坎贝尔先生被绊了一跤，摔在了地上。他的胳膊在企鹅服的翅膀里，受到了很大的限制，使不上劲，他怎么也爬不起来，只能在地上滚来滚去，逗得大家大笑不止。小企鹅汤姆想去帮助爸爸，往前一跑，也摔倒了。两个人干脆趴在地上，用肚皮着地，学着企鹅的样子，用两只脚蹬着地板，在地上匍匐前进。"好啊！好啊！"人们围着他们，拼命地鼓掌，为他们加油打气。两个人连滚带爬，互相搀扶着，慢慢地站了起来。

大屏幕忽然亮了，出现了一群小企鹅，在猛烈呼啸着的暴风雪中，紧紧地挤在一起。

"孩子！"大企鹅坎贝尔先生看着小企鹅汤姆，指

着大屏幕上的小企鹅，用命令的口吻，
严厉地说，"前面就是幼儿园，你自己
走进去吧！那里会有阿姨照顾你，我
只能送你到这里了！"

"可是，爸爸，"小企鹅汤姆扭动
着身体，装出可怜的样子，偎依在爸
爸的身上，撒娇说，"没有你和妈妈的保护，我会冻死的！"

"不会的！"大企鹅坎贝尔先生推开自己的孩子，望
着大屏幕上的企鹅幼儿园说，"那里有许多和你一样大的
小企鹅，还有大企鹅阿姨，它们都会照顾你的。而且，
你要知道，我们企鹅的生存，必须依靠集体！所以，你
必须学会和其他企鹅合作，学会过集体生活，学会和其
他企鹅相处。"

"爸爸！"小企鹅汤姆抬起头来，以祈求的目光看着
爸爸，恋恋不舍地问道，"你和妈妈什么时候来接我？"

"这个我也说不好。"大企鹅坎贝尔先生摇晃着脑袋，

为难地说，"你要知道，大海非常广阔，也非常险恶。我们企鹅，一面游泳，一面找东西吃，一面为你们储备食物，一面还要提高警惕，提防着豹形海豹的突然袭击。所以，你一定要坚强！一定要忍耐！等着我和妈妈归来！"说完，转过身去，头也不回，向着大海匆匆而去。

这时候，大屏幕上的小企鹅群里，忽然伸出了一个脑袋。大家一看，正是小汤姆。

趁着大家的注意力都集中到大屏幕上的时候，大企鹅坎贝尔先生和小企鹅汤姆悄悄地回到了后台，脱去了身上的企鹅服，换上了自己的衣服。他们重新回到了舞台上，站到了台子中央，对着台下的观众，深深地鞠了一躬。大厅里响起了热烈的掌声和欢呼声。

可是，人们都觉得意犹未尽。那个黑人驾驶员问道："啊？表演完啦？"

坎贝尔先生拿起麦克风，挥舞着手臂，宣布说："先生们！女士们！感谢大家的捧场！感谢大家的支持！我的表演，到此就算结束了！但是，动物世界国际奥林匹克运动会的组织工作，还刚刚开始！"

"对啊！"那个胖女人走上了舞台，把汤姆搂在怀里，抚摸着他的脑袋，爱怜地说，"孩子，不！汤姆！为了探索企鹅的奥秘，你吃了不少苦！"她转过身来，面对着坎贝尔先生，问道，"坎贝尔先生，你说了半天，演了半天，还是没有说清楚，企鹅能参加动物世界国际奥林匹克运动会的什么项目，能拿到什么金牌，争到什么第一啊！"

"实在对不起，玛丽！"坎贝尔先生握住玛丽的手，看着台下的观众，诚挚地道歉说，"经过这一阶段深入动物世界调查研究，我们发现，要组织一次动物世界国际奥林匹克运动会，是非常复杂而困难的，要比人类社会的奥林匹克运动会复杂和困难得多！就拿企鹅来说吧，为了让企鹅能参加奥运会，而且能拿到金牌，我们绞尽了脑汁。组委会用一架飞机，把两只企鹅运到一千千米之外。放下来以后，两只企鹅从容不迫，毫不犹豫，沿着一条直线，以最短的距离找到了自己的老家。我们很高兴，提出了一个比赛项目，叫'在南极冰原上找老家'。"

"可是，"坎贝尔先生还没有说完，小汤姆抢过了麦克风说，"这个项目一公布，爱斯基摩犬马上跑来报名。但是，因为狗是兽类，所以被取消了资格。接着，鸵鸟也想来参加。但是，我们把比赛的场地告诉了它。鸵鸟一听，马上打起了退堂鼓，因为它知道，自己虽然跑得比企鹅快，却受不了南极的严寒，只好弃权了。"

"还有其他的鸟类呢？"有人问道，"鸟类的方向感是很强的！"

"至于其他的鸟类，"坎贝尔先生解释说，"有的鸟类要依靠太阳确定方向。可是，南极的太阳夏天不落，一天在空中转一个圈，冬天则根本就没有太阳，它们没有办法确定方向，只好退出。有的鸟类则是根据地球的磁场来确定方向。但是，南极的磁场磁倾角太大，磁针几乎垂直于地面，有可能会使这些鸟类晕头转向，撞到地上，它们也就只好知难而退。"

"还有北极熊啊!"有人在后面喊道,"北极熊不怕冷!"

"北极熊不是鸟!"坎贝尔先生笑着回答说,"而且,北极熊生活在北冰洋的大冰盖上,靠捕食海豹为生。南极大陆没有海豹。它们饿着肚子,根本走不了一千千米!"

"所以,"小汤姆大声说,"最后的结果,只有企鹅可以参加这个项目。这样,企鹅就有把握拿到一枚金牌!"

"请问,"一位白人瘦高个,马上打断了坎贝尔先生的话,义正词严地问道,"你说的企鹅,到底是哪一种企鹅啊?南极有许多种企鹅呢!"

"当然是帝企鹅啦!"小汤姆冲着他喊道,"帝企鹅是最大、最漂亮、最有风度的企鹅!只有它们,才有资格代表所有的企鹅!"

"不对!"白人瘦高个,显然是一个动物权利保护主义者,大声说,"企鹅不分大小,都是平等的!就像我们

人类不分民族，不分种族，都是平等的一样！不能把奥运会金牌，只是授予帝企鹅！"

姜还是老的辣，坎贝尔先生对着小汤姆摆了摆手，笑着对那个白人瘦高个说："先生，你说得很对！企鹅都是平等的！这枚奥运会金牌，不能只是授予帝企鹅，而应该授予所有的企鹅。因此，我们动物世界国际奥林匹克运动会的组委会，专门组织了一次南极企鹅大游行，来共同庆祝南极大陆得到的第一枚奥运金牌！"

"什么时候啊？"有人迫不及待地问道。

"现在正在举行！"小汤姆举起双臂，摆出了"V"形的姿势。

第五幕 南极企鹅大游行

"哇！"大厅里一下子炸了锅，尖叫声、口哨声、鼓掌声、跺脚声混杂交织在一起。我的耳朵被震得嗡嗡作响。

坎贝尔先生走到了台子中央，向台下挥了挥手，示意大家安静。他笑容可掬地说："企鹅大游行现在开始！"说着，他往天花板上指了指，所有的聚光灯都亮了。大家往台子上一看，就像是变魔术似的，台子上整整齐齐地站了一排"企鹅"，一共有七只。

七只企鹅唰的一下，整齐划一，每只企鹅手里都举起了一个牌子。牌子上标明的是生活在南极的七种企鹅的名字。

"我是帽带企鹅！"第一只"企鹅"，中等个子，身材苗条。他往前跨了一步，仰起头来，对着大家行了一个军礼，自我介绍说，"我们帽带企鹅，平均身高72厘米，平均体重4千克。我们最明显的特征是，"他在脖子下面比画了一下，"脖子底下有一道帽子带一样的黑色条纹，就像是海军军官，或者是警官。我们主要生活在岛屿上，只有一少部分生活在南极大陆。"这时候，大屏幕上出现了一大群帽带企鹅，熙熙攘攘，争先恐后地往前奔去。"我们刚从海里归来！我们要抓紧时间回家喂孩子！"

"我是跳岩企鹅。"第二只"企鹅"往前跨了一步，他的个子娇小，头上插着两根漂亮的羽毛，"我们的身高是 55—65 厘米，体重 2.5—4.5 千克。因为我们的眉毛是黄色的，而且头上还有两根漂亮的羽毛，所以有人会叫我们凤头黄眉企鹅。但是，我们不喜欢这个名字！我们喜欢在岩石上跳跃，这是其他企鹅做不到的。所以，我们是攀岩冠军！我们生活在从南非到南美洲西部到南极大陆上。"与此同时，大屏幕上出现了跳岩企鹅，在石头上往前跳跃着，而不像其他企鹅那样走起路来摇摇摆摆。由于它们的样子有点滑稽，像是马戏团的小丑，引起了台下一片笑声。

第三只"企鹅"个子稍高，比较健壮。他晃了晃手里的牌子说："我们是巴布亚企鹅，有人叫我们金图企鹅！因为我们眼睛上方有一个明显的白斑，"他伸出手来比画了一下，"有人又叫我们白眉企鹅。我们的身高约60—80厘米，体重6千克左右。因为我们的嘴细长，嘴角呈红色，眼角处有一个红色的三角形，显得眉清目秀，很有特色，有如绅士一般，所以有人又叫我们绅士企鹅。我们主要生活在岛屿上，只有极少数生活在南极半岛。"大屏幕上出现了大群的巴布亚企鹅，从海里上来，向岸边走去。它们身体比较肥胖，头上有一块白毛，看上去比较明显，是一个独特的标志。

第四只"企鹅"挺胸抬头，往前跨了一步，台子下面一下子哄堂大笑起来，因为很明显，这只"企鹅"，是小汤姆装扮的。而且，更加有趣的是，小汤姆的头上，还插着两撮又长又粗、金光闪闪的羽毛，随着他的动作忽悠忽悠的，让人看了忍俊不禁。尽管下面议论纷纷，笑声震耳，小汤姆却从容不迫，有条不紊。他指着

I am a Macaroni
CHINSTRAP PENGUIN
ROCKHOPPER PENGUIN
Gentoo Penguin

ADELIE
PENGUIN

KING PENGUIN

EMPEROR PENGUIN

头上金色的羽毛，挺起了胸脯说："我是浮华企鹅，因为我头上有这些金黄色的装饰！也有人叫我们马可罗尼企鹅、通心粉企鹅，随他们的便，我们不在乎。我们是企鹅中最大的家族，当前共有 2400 万个成员。我们的身高是 45—55 厘米，平均体重 4.6 千克，嘴粗而短，呈赭石色，眼球呈橘红色。DNA 证据表明，我们是 1500 万年以前，从亲缘关系最近的皇家企鹅分支出来的。由此可见，我们无愧于浮华企鹅的名称，因为我们有着皇家血统。我们主要分布于南极半岛及亚南极紧邻南极圈以北的地区。"大屏幕上出现了一群浮华企鹅，它们挤在一起，头上的羽毛闪闪发光，构成了一道亮丽的风景线。小汤姆即兴表演，在台子上转了一圈，跳起了自己编造的企鹅舞，引来了一阵热烈的掌声。

"我是阿德利企鹅。"第五只"企鹅"清了清嗓子，挤了挤眼睛继续说，"我们阿德利企鹅，体长 72—76 厘米，体重 4—6 千克。我们的眼圈为白色，头部呈蓝绿色，嘴为黑色，嘴角有细长羽毛，腿短，爪黑。我们的头部、背部、尾部、翼背面、下颌为黑色，其余部分均为白色。我们不怕强敌，具有进攻性。我们游泳最快，最高速度可达每小时70千米。食物主要是磷虾、乌贼和海洋鱼类。喜欢集群活动，群体可达几十只到上百只，在海洋中越冬，是南极大陆最常见的、分布最广、数量最多的企鹅。"

第六只"企鹅"有点矜持，往前跨了一步，摆出了一副长官的架势，训话似的说："我是王企鹅，是所有企鹅的最高统帅！我们的体长近1米，体重约15—16千克，穿着华丽的帝王外衣！主要以甲壳类、乌贼和鱼类等为食。别看我们温文尔雅，走起路来慢条斯理，迈着方步，但是遇到危险，我们可以将腹部贴在冰面上，后肢蹬地，以双翅快速滑雪，能够很快逃之夭夭。我们嘴巴细长，头上、喙、脖子呈鲜艳的橙色，脖子下的橙色羽毛向下和向后延伸的面积较大，主要分布于南极洲及其附近岛屿。我们脖子下方的红色羽毛更为鲜艳，向下和向后延伸，是企鹅中色彩最鲜艳的。所以，我们不愧为企鹅的王者！"说完以后，他环视着大厅，目光犀利，气宇轩昂，摆出了一副领导者的派头。下面的笑声没有了，大家都安静了下来。这时候，大屏幕上出现了一个王企鹅的家族，一个个行动缓慢，彬彬有礼，看上去雍容华贵，大有王室风范。

最后这只"企鹅"，落落大方，镇静自若，扫视着台下，说道："刚才那只企鹅大言不惭地说它们是所有企鹅的最高统帅，其实错了！我们帝企鹅才是至高无上的王者！我们是真正的皇帝企鹅！我们的身材是最高的，可达120厘米以上。我们的体重是最重的，可达50千克。我们的脖子底下，有一片橙黄色羽毛，向下逐渐变淡，耳朵后部最深。我们全身色泽协调：颈部为淡黄色，耳朵的羽毛呈鲜艳的橘黄色，腹部乳白色，背部及鳍状肢都是黑色，鸟喙的下方是橙色。我们是唯一能在南极严寒的冬季，在冰上繁殖后代的企鹅。我们每次由雌企鹅产蛋一枚，雄企鹅孵蛋。我们的雄帝企鹅，双腿和腹部下方之间，有一块布满血管的紫色皮肤的育儿袋，能让蛋在环境温度低达 –40℃的低温中，保持在舒适的 36℃。你们能做到吗？我们可以潜入水下 150—500 米，最深可达 565 米。你们能做到吗？所以，我们才是所有企鹅的领导者！只有我们，才能代表所有的企鹅去参加动物世界国际奥林匹克运动会，去夺取金牌！"

"对！"下面欢声雷动，响起了暴风雨般的掌声和欢呼声，"帝企鹅是南极的代表！帝企鹅可以代表南极参加国际奥林匹克运动会！帝企鹅一定可以拿到金牌！"

突然，所有的灯都亮了，大厅里灯火辉煌，被照得通明。坎贝尔先生和七只"企鹅"站在了一起，他拿起了麦克风，满面红光，神采奕奕，大声宣布说："来自好莱坞的汇报演出圆满结束！感谢大家的关怀！感谢基地的支持！大家尽兴吧！化装舞会现在开始！"

音乐响起来了。顷刻之间，几乎所有的人都拿出了早就准备好的行头，穿上了别出心裁的奇装异服，有的变成了魔鬼，有的变成了皇帝，有的变成了企鹅，有的变成了鲸鱼，五花八门，群魔乱舞。大厅里变成了欢乐的海洋。

我的耳膜忍受了长时间的煎熬，嗡嗡作响，不堪重负。我悄悄地走出了大厅，沐浴在斜射的阳光和清冷的空气里，顿觉精神振奋，活力四射。在来南极之前，我酷爱安静，喜欢孤独。然而那时候，安静是不可得的，孤独是一种奢侈。来南极以后，孤独始终伴随着我，安静变成了一种压迫。所以，我又开始向往外部那个复杂纷纭的世界了。

十几天以后，我登上了从麦克默多基地飞往新西兰克赖斯特彻奇的飞机。当飞机飞到了一个地方时，往后望去，阳光普照；往前望去，星星闪烁。我知道，飞机正在穿越南极圈，我终于离开南极了，也许这就是永别。

位梦华

　　中国地震局地质研究所研究员，教授，地质学家，中国作家协会会员，中国科普作家协会会员。

　　位梦华教授是最先登上南极大陆的几个中国人之一。1995年他作为中国首次远征北极点科学考察总领队，把五星红旗插上了北极点。主要著作有《奇异的大陆——南极洲》《南极政治与法律》《南极之梦》《美国随想与南极梦说》《南极属于谁》《冰雪世界的资源》《北极的呼唤》等，主编丛书《神奇的北极》获第六届冰心儿童图书奖大奖（1996）和第三届国家图书奖提名奖（1997），《独闯北极》获得第八届全国优秀儿童文学奖。

张帆

笔名老狗，2015 年毕业于山东艺术学院雕塑专业，2016年开始接触插画，开始童书创作。

2017 年作品 *the flower* 获上海国际金风车插画展金奖。

2018 年作品《地铁》入围 NAMI concours 插画展并获得法兰克福书展全球插画奖原创绘本类金奖。

2018 年担任上海国际童书展主视觉海报设计。